SCIENCE

岩波科学ライブラリー 254

クモの糸でバイオリン

大崎茂芳

岩波書店

はじめに

ある休日のこと。我が家の応接室で、バイオリンにクモの糸の弦を初めてセットしてみた。弦より紐と言った方がいいかもしれない。短いクモの糸をたくさん集めた束を、いくつかつないだだけのもの。引っ張りすぎると間違いなく切れそうだ。適切な引っ張り度合いなどわかるはずもないが、とにかく、その紐を弓で弾いてみた。

すると、なんと音が出たのだ。つい喜びのあまり、「音が出た！」と大きな声が出てしまった。私の喜びを感じてか、今まで無関心のように思えた妻まで別の部屋から飛び出してきた。

どんなものでも、物理的には音は出るものである。しかし、正規の音程レベルにははるかに及ばないとはいえ、とにかくクモの糸でバイオリンの音が出たのは感動であった。

とはいえその後、クモの糸の紐から弦のレベルにするには失敗の連続であった。クモとのコミュニケーションスキルを磨き、クモのご機嫌をとりながら、長い糸をとり出せるように努力し、丈夫な弦を作らなくてはならなかった。それでも、すぐに切れてしまうなど、悪戦苦闘の日々は続いたのであった。

私はかれこれ40年間にわたり、クモの糸の性質を調べてきた。しかしバイオリンの弦のように、細くて強度のある糸の束となると、全く未知の領域であった。10年ほど前に、19万本ものクモの糸を集め、芥川龍之介の小説「蜘蛛の糸」のようにヒトがクモの糸にぶら下がることに成功したが、そのときに使った糸の束は太くて短く、強度はあっても一時的なものだ。弦のように細くて長く、強度の持続するものではなかった。

バイオリンを触ったこともなかった私には、他にもわからないことばかりであった。そのため、まずは自らバイオリンのレッスンに通うことにし、弾き方、チューニングの仕方、弦の切れやすさやセットの仕方など、さまざまな課題をクリアしていったのだった。

そしてついに、クモの糸で切れにくい弦を作り、バイオリンを奏でることに成功した。柔らかく深みのある、独特の音色の世界をやっと実現できたのだ。そして短期決戦の末、米国物理学会誌「フィジカル・レビュー・レターズ」に論文が掲載された。この論文に音声のデータを添付したこともあって、クモの糸によるバイオリンの音色は、ついに世界を駆けめぐったのだ。ここに至るまでのプロセスを、私と一緒にたどっていただければ幸いである。

目次

カバー・章扉イラスト＝いずもり・よう

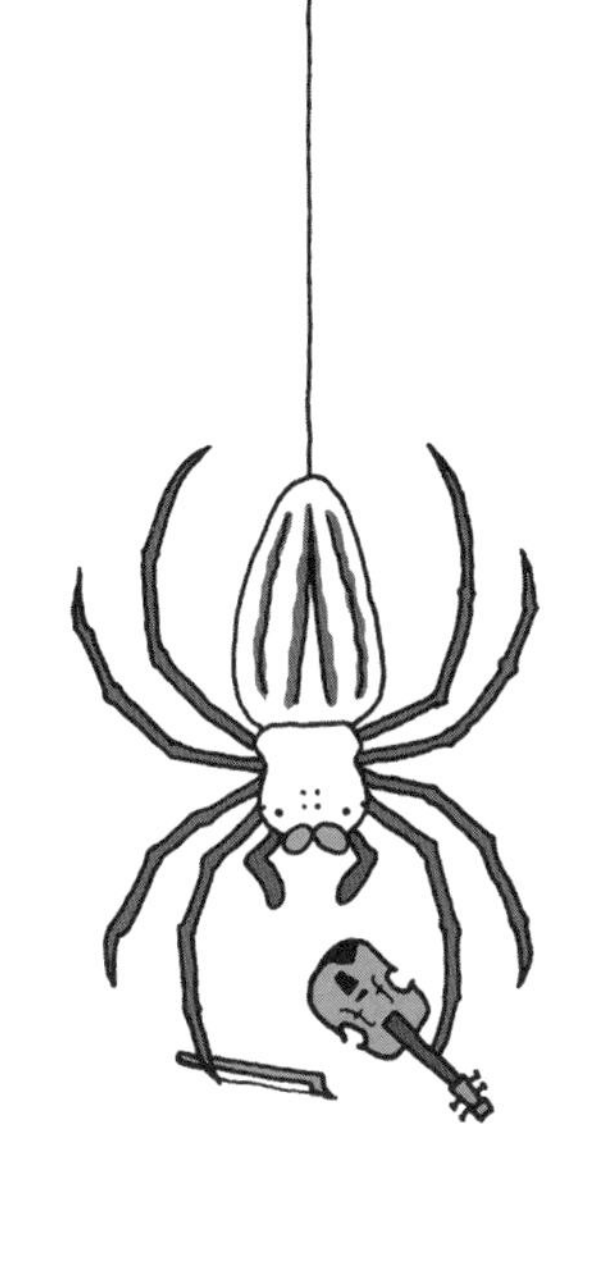

1　クモのことをもっと知りたい

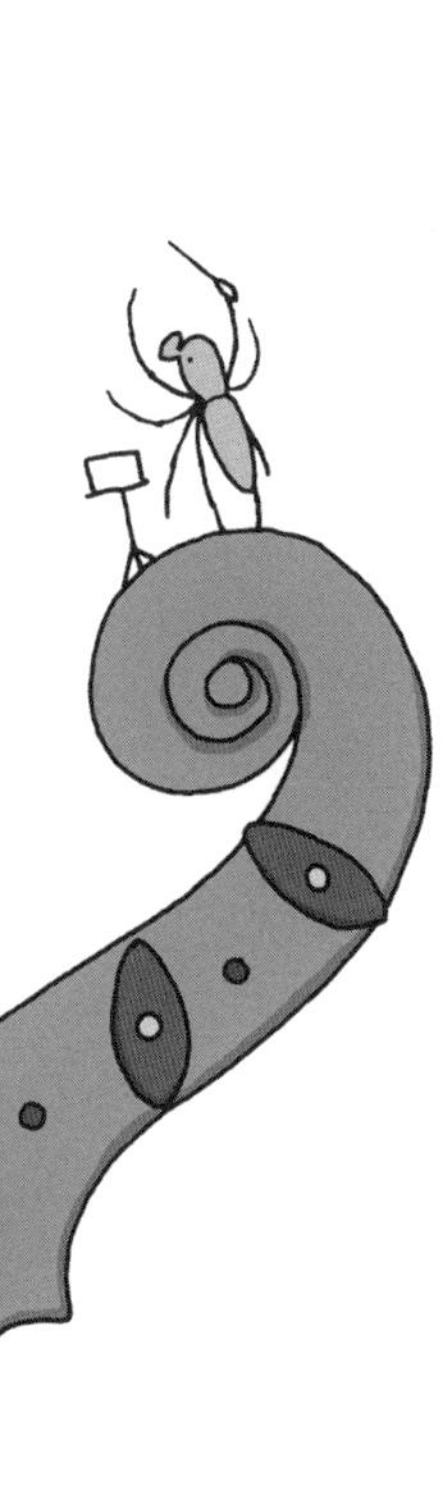

クモとの出会い

私とクモとの付き合いは、今から40年ほど前にさかのぼる。大学院の博士課程を終えた後、私は粘着紙の研究をしていた。「粘着」とは付箋のように、いったんくっついても剝がれるという現象だ。この分野の研究成果を総説としてまとめる過程で、ふと、粘つくクモの巣が頭に浮かんだのである。

クモの糸について調べ始めると、どうやら、クモの糸の物理化学的特性を調べた研究は、世界的にもほとんどないようだった。そこで、この未開拓分野に魅力を感じ、クモとの付き合いが始まった。

当時のクモ学は、フィールドワークに重点をおく分類学が主流であった。一方で繊維の研究においては、世界的に合成繊維が花盛りの時代。「研究は実験室でするものだ！」と認識している人がほとんどだった。特に、方向性のはっきりした分野の研究が奨励され、クモの糸のように何が重要なのかわからない分野の研究などは許されない雰囲気があった。クモの採集から始め、クモに糸を出してもらうことが不可欠なクモの糸の研究など、遊んでいると思われるのが関の山であった。実験室の中で完結する研究と比べ、生き物相手の研究では論文が出にくい。クモの糸の研究がほとんど進んでいないのも、無理からぬことではあった。折しも私は、粘着の分野で総説を書くことに物足りなさを感じていた。そこで、総説の内容を、粘着からクモの糸に変えてしまおうと思い立ったのである。

もともとクモに関心のなかった私にとって、これは一大決心であった。クモに関する文献をたくさん調べ、ただ読むだけでは言葉の理解が難しいので、野外に出てクモを観察し、その生態を理解するよう努めた。同時に、クモから糸をとり出すにはどうしたらよいのかという最も肝要なポイントについても、模索する日々が続いた。実験用に使える糸が得られてはじめて、その物理化学的な性質を調べることができる。

初めて出会うことばかりで衝撃を受けながらも、私は次第にクモの世界にはまり始めた。すると徐々に、世界におけるクモの糸の研究の最先端が理解できるようになり、足掛け3年かけて、ついにクモの糸の総説を書き終えた。これを契機に、私はクモの糸を、趣味としての生涯の研究対象にすることに決めたのである。

ちなみにこのころ、私の「本業」は、マイクロ波という電磁波を用いた分子や繊維の配向性の研究へとシフトしていた。フィルムの配向性の研究に始まり、今では血管、骨、肺、皮膚におけるコラーゲン繊維の配向性の研究、さらにはこれを応用した皮膚移植法を実用化する研究を行っている。しかしそのかたわらで、私はいつのまにか、クモの糸の虜になってしまったのであった。

クモの巣のいろいろ

夏休みの宿題に昆虫採集という話はよく聞くが、クモ採集という話は聞いたことがない。そんな嫌われ者のクモ（クモ綱クモ目）だが、実は日本国内だけで約1500種、世界では約4万種も知られている。

日本のクモの約半数が、茶色のアシダカグモのように、獲物を探し歩く徘徊性のクモである。そして残りの半数が、網を張って獲物を捕る造網性のクモだ。私がこれまでに糸の性質を調べてきた主なクモも、そうした造網性のクモである（図1）。

クモの巣の形や配置は、クモの種類によってさまざまだ。円形の網もあれば、三角形をした網もある。ほぼ鉛直に張られている巣もあれば、ほぼ水平の巣もある。もっとも、垂直や水平といっても、秋によく目にする黄色と黒のまだら模様のジョロウグモや、近縁のオオジョロウグモの巣をよく観察すると、巣の面は地面と垂直ではなく、少し傾いていることがわかる（図2）。下部が傾いている方が、すぐ後で述べる命綱（牽引糸）を使って他の場所へ飛び

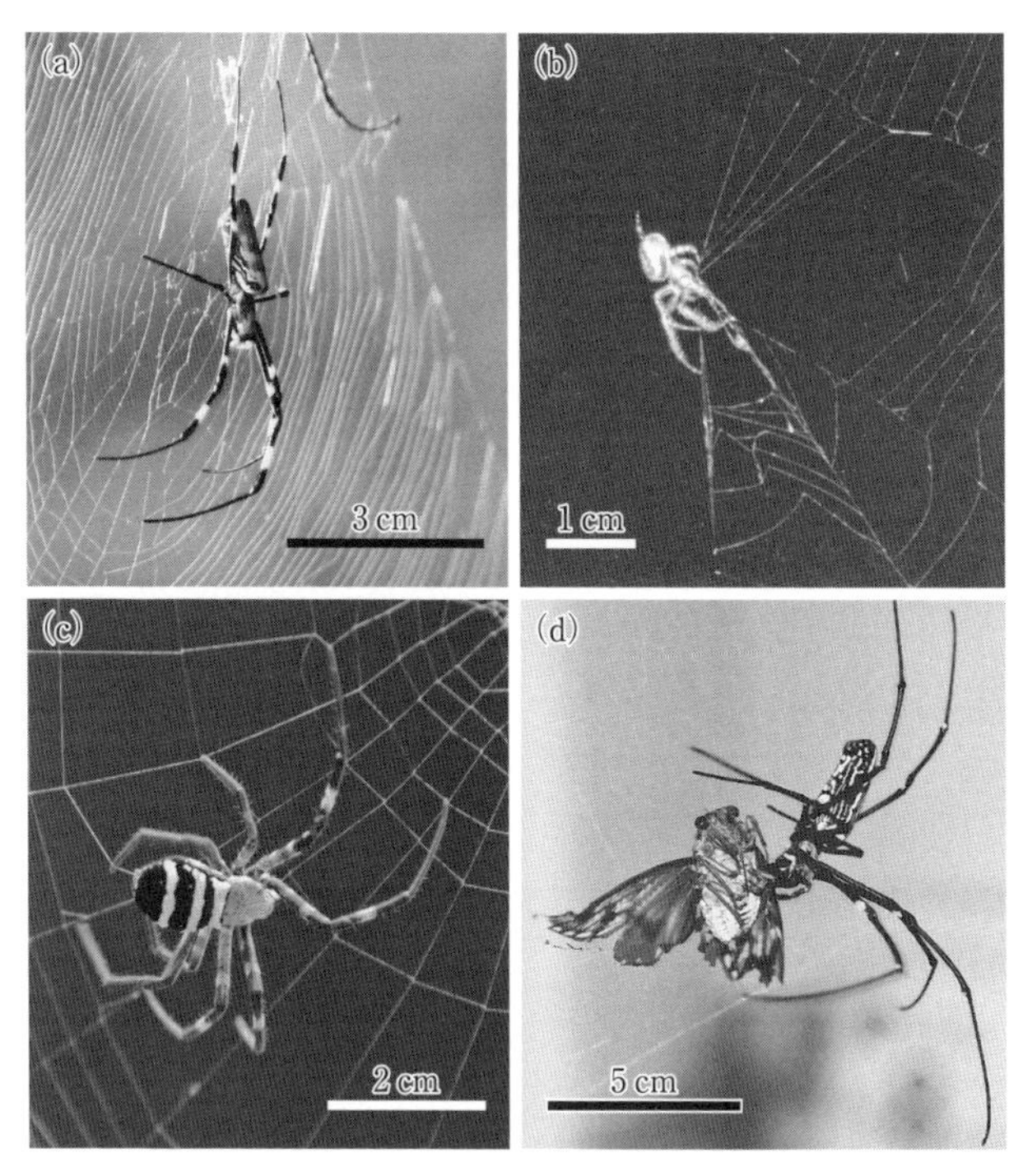

図1　本書に登場する主なクモたち。(a)ジョロウグモ。獲物を待っている。(b)ズグロオニグモ。巣を張り替えている。(c)コガネグモ。巣を張っている。(d)オオジョロウグモ。セミを捕らえたところ

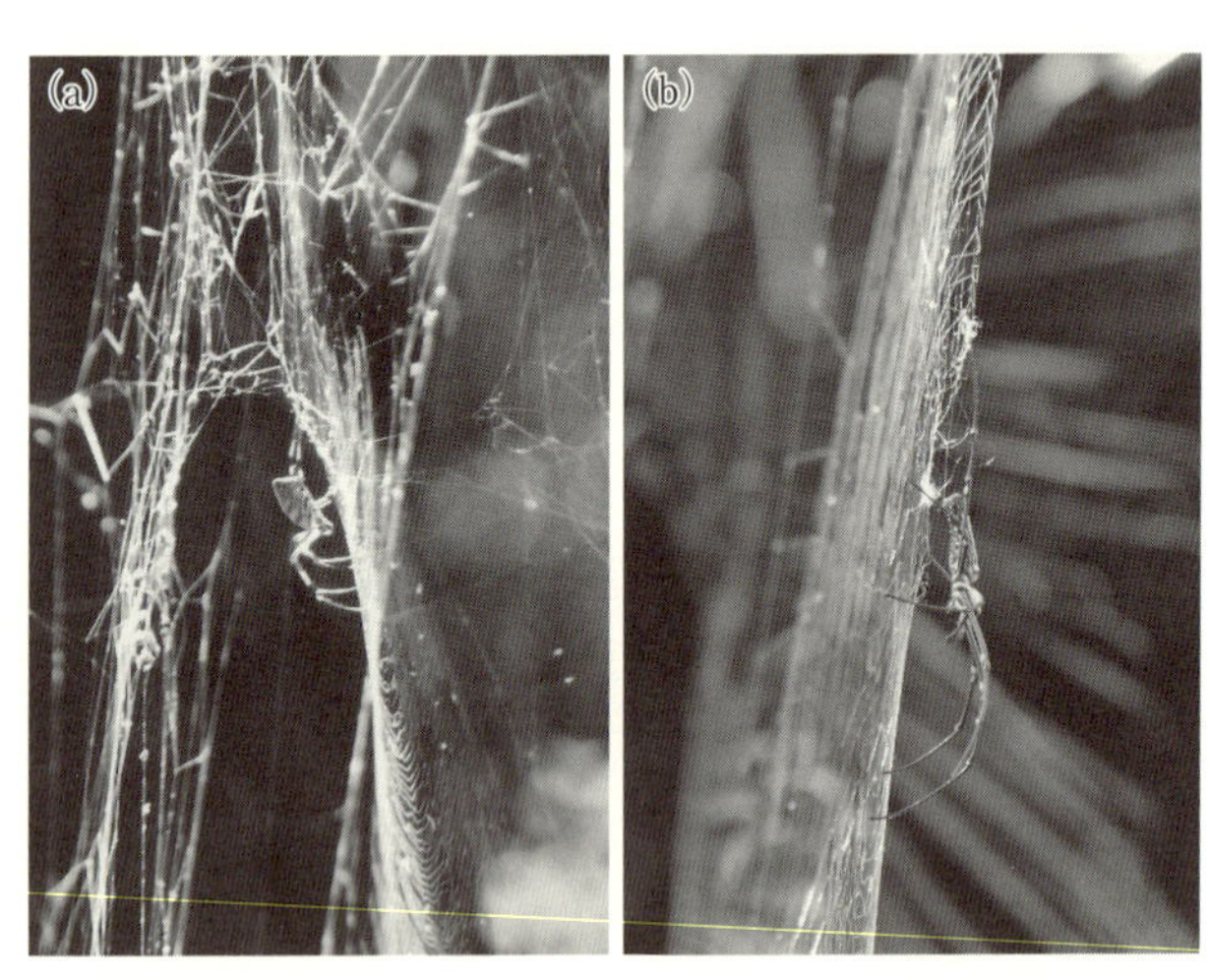

図2　鉛直から傾いている(a)ジョロウグモと(b)オオジョロウグモの巣の下部

移りやすく、ひいては危機に遭遇したときにすぐに逃げやすいのである。

クモが獲物を捕らえる時間帯や巣を張り替える頻度も、クモの種類によって違う。たとえばジョロウグモなら、夜の間に数時間もかけてこつこつと巣の半分を張り直し、日中に獲物を捕獲する。そうして、次の晩には巣のもう半分を張り直すのである。一方、昼間は巣の近くに隠れているズグロオニグモ(図1b)は、毎日、夕方から巣のもとに現れ、ボロボロになった巣を集めて口に入れ、すぐに新しい巣を張り直す。その巣で夜に獲物を捕獲し、朝になると巣はそのままにして自らは隠れるのである。

7種類の糸を使い分け

山道を歩いていて、クモの巣が顔に絡みついたりすると、巣はすべて粘着性の糸からできていると思ってしまう。しかし、粘着性の糸は横糸だけだ。典型的な円網（図3）を張るクモでは一般に、7種類の腺から別々の糸を出し、そのそれぞれを用途に応じて上手に使い分けている。

縦糸は巣の骨格となり、粘着性の横糸は獲物の動きを抑える。枠糸は巣のフレームとなり、巣を木などに固定するのは繋留糸。危機

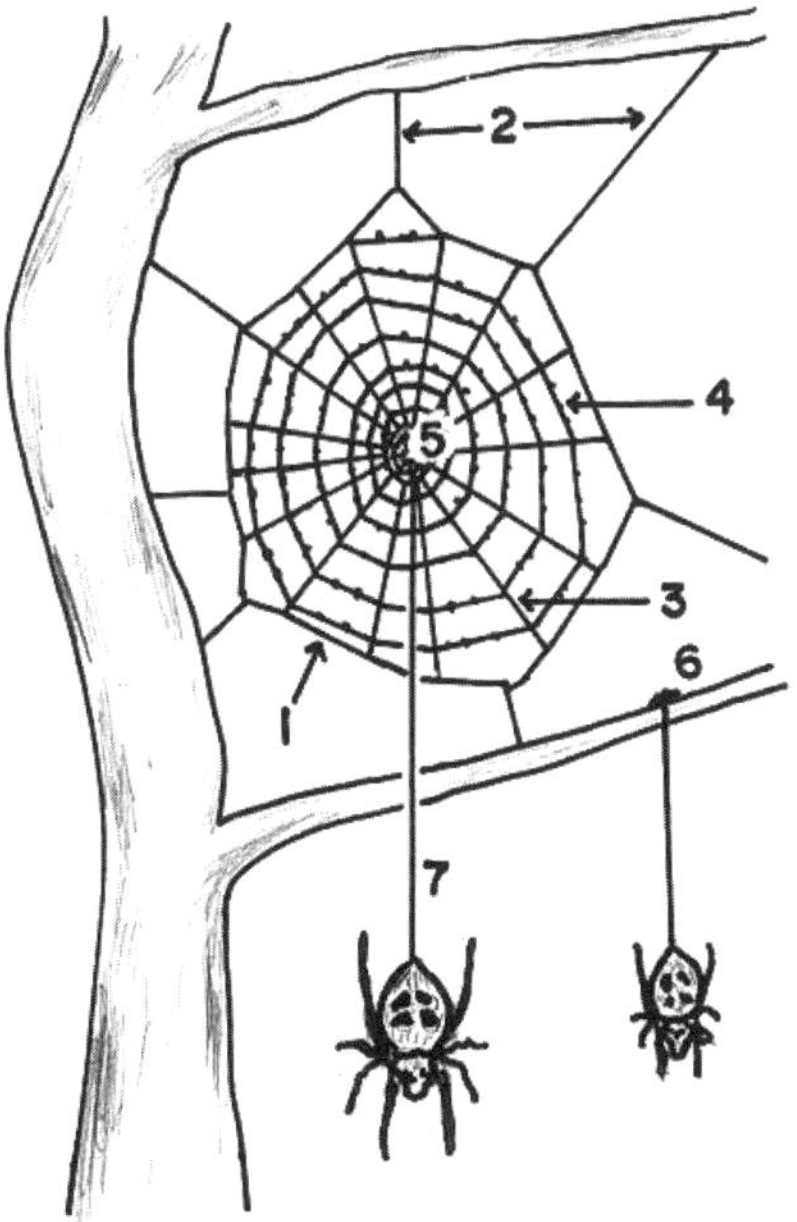

図3　代表的なクモの円網。1. 枠糸，2. 繋留糸，3. 縦糸，4. 横糸，5. こしき，6. 附着盤，7. 牽引糸

が生じて逃げるときには牽引糸を、牽引糸の先端を物体に固定するのには附着盤を使う。さらに、巣を構成するわけではないが、獲物を捕るための捕獲帯や、卵を保護する卵のうというのもあり、それぞれ別々の糸から作られる。

クモの生活場所である〝こしき〟の糸には粘着性はない。附着盤は、命綱である牽引糸にぶら下がる際に必要なことから、自分が糸にぶら下がっても切れないような接着強度を保てるようになっている。接着強度が弱くて外れてしまうと、クモといえども地獄行きなのであ

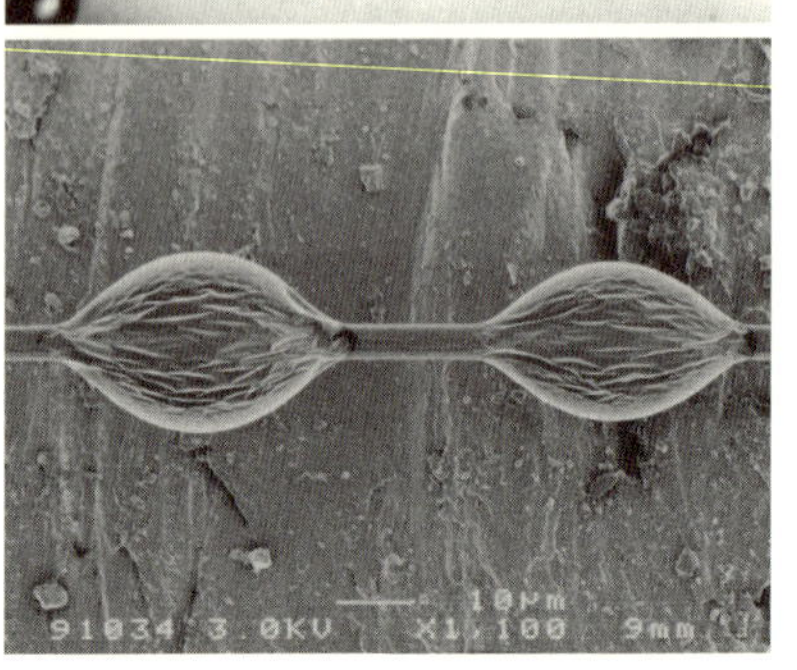

図 4 横糸の粘着球。上は光学顕微鏡写真，下は電子顕微鏡写真

図5　コウモリを捕まえたオオジョロウグモ

る。

　電子顕微鏡で見てみると、糸はその種類によって様子が違う。たとえば縦糸は、4本の細い繊維から構成される。一方、横糸は2本の繊維からなり、そこに粘着球がほぼ等間隔にくっついている(図4)。この粘着球は、巣を張る時に2本の繊維の表面に薄くコーティングされた粘着剤が、次第に球状になったものだ。

　巣に飛来した獲物(図5)は、粘着性の横糸にくっつくと、逃れようとしてもがく。すると、横糸は伸びるが、そう簡単には切れず、そのうちに獲物の動きが鈍ってしまう。たとえ横糸の一部が切れてしまっても、力学的にさらに強い縦糸は残る。こうして、獲物がかなり暴れても、巣全体は壊れないようになっている。

巣に獲物が引っ掛かると、クモはすぐにそこへ飛び移り、多くの細い糸からなる捕獲帯を獲物にすばやく巻き付ける。捕獲帯の収縮力によって獲物を締め付け、動けなくしてしまうのである。

クモはこうしたさまざまな糸を器用に使い分けるのだが、実は私は、長年にわたるクモとの付き合いの中で、極めて珍しい出来事に遭遇したことがある。それは、「弘法にも筆のあやまり」のごとく、クモがヘマをした例である。

ある時、沖縄から送られてきたオオジョロウグモが、大学の中庭に巣を張っていた。食事の後に横を通り過ぎ、ふと巣を見たところ、少し違和感を覚えたのである。接近してみたところ、なんと縦糸に粘着球がついていたのだった。私がそれまで観察した中では唯一の例外であったため、「えっ！　まさか！」と思い、なんだか嬉しくなってしまった。近くを通りがかった、クモには関心の薄いと思われる分子生物学の先生を無理矢理に呼んで、この異常現象を一緒に確認したものである。沖縄からの長旅のせいで、オオジョロウグモの分泌機能が狂ってしまったのかもしれない。

さて、7種類の糸の中で、私が焦点を当てたのは牽引糸だ。私がクモの糸の研究をしていることを知ると、多くの人に「巣から糸を集めているのですか？」と聞かれるが、糸を研究対象とする場合、多種類の糸からなる巣から糸を集めると、何を測っているのかわからなくなる。やはり単一の糸が必要だ。そこで、牽引糸なのである。棒に乗せたクモが自ら降りるようにしてやると、牽引糸だけを得ることができる。

図6　牽引糸（命綱）にぶら下がっているジョロウグモ

クモは先述のように、まず腹部にある腺から分泌した牽引糸の先端を附着盤で物体に固定したのち、糸を出しながら移動する。危険に遭遇したら、この牽引糸にぶら下がって逃げればよいのである。

巣の中央のこしきにいるときにはいつも、牽引糸の先端をこしきにくっつけて獲物の飛来を待っている。獲物が巣に引っ掛かると、牽引糸を出して、一飛びでその場所に移動する。体内の嚢に蓄積されている液状のタンパク質が、腺を通じて体外に引き出される過程で不溶性の固体となり、強い牽引糸となる。糸を出して移動していても急に止まりたくなったときには、脚でブレーキをかけることもできる。

巣にいるクモを驚かすと、クモは急に落ちて見えなくなってしまう。これを見ると、「もしや、クモは落ちて死んでしまったのか？」などと思ってしまうが、しばらくするとクモは元の巣に戻っている。急降下するときも牽引糸を出していて、それを伝って（図6）、元のところに戻るのである。

しかし逆に、クモが牽引糸にぶら下がった状況で、もし糸が切れてしまえば、クモは落下して死に至ることもある。牽引糸は、まさにクモにとっての命綱なのである。

行く先々でクモを採集

クモの糸の研究となると、まずはクモを探さねばならない。クモは小さくて見つけるのは難しいが、巣を見つければ、クモを探せるはずである。

最初にクモを探し始めたのは、12月であった。当時はクモの巣など、いつでも簡単に探せると思っていた。しかし見つからない。当時すでに視力が落ちかけていた私は、それが原因で見つけられないのだと思っていたが、そうではなかった。クモの生態を、十分に理解していなかったのである。そのとき私が探していたジョロウグモは、秋には立派な巣を張るが、晩秋には卵を産んで死んでしまう。12月のクモ探しなど、無茶な話であったのだ。

ジョロウグモの生活サイクルがつかめてからは、夏から秋にかけて巣を探しまわるようになり、家の近くの並木道でも、少しはジョロウグモの巣を見つけることができるようになった。もっとたくさん巣が張られているところをめざして、自動車で郊外に足を延ばしたりもした。私がゆっくり車を走らせながら、助手席の妻に、道際にクモの巣が張っていないかどうかをチェックしてもらう。しかしそれでも、全くクモが見つからない場所も多かった。

こうしてクモを探しまわるうち、どのような場所でならクモの巣を見つけられるのかが、私にもやっとわかってきた。

クモは、山の奥深いところや廃屋に生息するようなイメージが強い。しかし、実態は必ずしもそうではないのだった。クモを効率よく探せるのは、たとえば水辺のようなところだ。あるいは、牛小屋や豚小屋など。いずれにしても、昆虫がよく飛来するところを探すのがポイントなのだ。つまりクモは、餌になる昆虫の生息地に多くいるのである。昆虫のたくさん飛来するところに巣を張っているクモは、栄養が行き届いているためか成長も早い。

なお当然ながら、どんなクモでも日本中でみられるわけではない。私が糸をとってきた主なクモでいうと、ジョロウグモ(図1a)やズグロオニグモ(図1b)は日本各地でみられるが、コガネグモ(図1c)は和歌山や高知、鹿児島など暖かい地域に多く生息し、オオジョロウグモ(図1d)は沖縄地方でよく見かける。近場にいないクモは、遠方まで捕りに出かけることになる。

遠方でクモを採集して持ち帰る際には、クモが共食いしたり、弱ったりしないように気をつけなければならない。初めのころは勝手がわからず、たくさんのクモを入れた網袋を持ち帰って喜んでいたら、一晩のうちに共食いでほとんどいなくなってしまったこともあった。さらに、車のトランクの中で、クモが高熱で死んでしまったこともある。クモから糸をとり出すには、クモが元気な状態でないといけないのだ。

クモとのコミュニケーション

無事にクモを見つけてきたら、いよいよクモに糸を出してもらう。

しかし、これがけっこう厄介なのだ。クモをペットのようにしつけることなどできないからである。たくさん糸を集めることだけが目的である場合、クモから糸を強制的に引っ張り出してもよいが、糸の力学的性質を調べたいと思ったら、細くて繊細な糸に余分な力が加わらないよう、慎重に糸をとり出すことが大切だ。

クモの腹から糸をとり出そうとすると(図7)、クモは嫌がってすぐ糸を切ってしまう。糸

図7　コガネグモの腹から糸をとり出す

をとる人の意図通りにはなってくれないのである。せっかく糸をとり出したと喜んでいても、こちらの意図とは違った糸をつかまされることもある。クモはヒトの足元を見るのである。

そこで、クモが気持ちよく糸を出してくれる環境づくりが必要となる。重要なのは、クモとのコミュニケーションだ。このポイントを体得するのに、約5年もの歳月がかかってしまった。

クモとのコミュニケーションなど、ほとんどの人は疑ってかかるだろう。しかし、クモは糸をとり出す人の精神状態や動作に敏感に反応しているのだ。

たとえば、荒々しい性格の人なら、その動作、つまり糸をとり出す作業も荒々しいだろう。クモの重さは人間の10万分の1程度しかないので、ヒトにとっては少しの外力でも、クモは大きな衝撃と感じ、その結果、クモは牽引糸ではなく、自己防衛のための捕獲帯のようなものを出すのである。また、人間が大声を上げているときも、クモはびっくりして牽引糸を出したがらない。人間の大声による空気振動も、クモにとっては十分に大きな振動なのだ。

一方、クモの目線で優しく接すれば、クモはヒトを外敵と思わず、安心して糸を出してくれる。ところが、あまりにも優しく接しすぎると、クモは自由に糸を出して逃げてしまう。

長年の経験から、クモは「優しすぎれば舐められる、厳しすぎればへそ曲げる」のだということが、わかってきたのである。

とくに、ズグロオニグモから糸をとる時などはそうである。束にして使う糸は図7のようなフレームに巻きとるのだが、糸を巻きとっていると、クモはするすると糸を長く出し続けて降り始める。フレームに巻きとるには都合がよいと思っていると、さらに速く降りて地面に降り、そこですぐに糸を切って逃げてしまう。

地面に降りたときに、脚を腹のほうに丸めて死んだふりをすることもある。再び持ち上げて糸をとり出そうとしても、固まったまま、やはり死んだふりをし続ける。ついに私も、そのクモは死んだのかと思い、クモから糸をとるのを諦めてしまう。そうして私の手を離れたすきに、すばしこく逃げてしまったりするのだ。クモも油断できないのである。

クモによる騙しの手口を知ってからというもの、私は固まったクモをなんとかなだめて協力させようと試みたが、結局うまくいかなかった。いったん逃げることを覚えたクモを懐柔するのは、極めて難しいのである。それ以来、一度味を占めたクモを相手にすると時間がかかるため、相性のよいクモから糸をとるようになった。そしてそれ以前に、クモに気持ちよく糸を出してもらい、へそを曲げて逃げるのを防ぐような環境づくりを心がけるようになった。

コラム　タバコの煙でクモが暴れる

高知県の四万十川流域で採集してきたコガネグモを、立体的に配置した枝木とともに網袋に入れて、鉄路、自宅のある大阪まで戻ったときのこと。

高知県の中村駅で特急列車に乗り込んだとき、網袋は窓の横の取っ手にぶら下げていた。枝木は、網袋の中でクモどうしが争わないために必要なのである。このとき、網袋の中のクモたちにはなんら問題はなかった。

岡山駅に着くと、私は網袋を手にして、すぐに新幹線に乗り換えた。夏休みということもあって、新幹線ホームは乗客であふれていた。大阪には岡山から1時間ぐらいで到着するので、長旅ももう少しの辛抱であった。コガネグモの入った網袋を窓側の取っ手に掛けてから、大阪に着くまで一寝入りしようと思っていた。

新幹線が出発して数分経ったころ、クモの様子を確かめるために、網袋を覗いてみた。すると、出発時にはおとなしかったコガネグモが、突然暴れ始めていたのである。私も長年クモと付き合ってきたが、このような荒れ方を見たのは初めてであった。突然のことなので、何がなんだか理解できないでいた。木の枝を入れているので、クモどうしが争うなど考えられない。私は心配になった。

近寄って網袋をじっと見ていると、クモたちは、網袋を紐でしばった箇所のわずかな穴のところに集まろうとしていた。どうも、先を争って出口を探している様子であった。

新幹線に飛び乗って座席を探し当てたとき、そこは禁煙席とばかり思っていた。実際に、乗りこんだときはタバコの煙など漂っていなかったので安心していたのだった。ところが、岡山を出発してから程なくして、3つ、4つ前方の座席にいる人2人が、タバコをくゆらしているのに気がついたのである。いつもは禁煙席にしか乗らない私も、喫煙席に乗ってしまったようであった。とはいえ、疲れ切っていた私は、座席にはお構いなく、少しの時間でも眠りに入ろうかと考えていた。

ところが、コガネグモのパニックを見て、私は眠りに入るわけにはいかないことを悟った。パニックの原因がタバコの煙かもしれないと思い始めたのである。私にとってクモは宝物なので、気づくやいなや、禁煙席の車両へ移動することにした。当日は混んでいて空いている禁煙席を探すのに苦労したが、やっと座席を確保できた。そこに座ったところ、コガネグモはおとなしくなり、騒動は収まってしまった。クモが暴れた原因は、やはりタバコの煙だったのである。クモは喫煙車両ではかなり苦しかったのであろう。

この一件は、工場地帯や通行量の多い高速道路周辺などの煤煙や車の排気ガスの多いところでは、クモは住みにくいことを端的に教えてくれているようであった。まさにクモは、環境のバロメーターといえよう。最近クモが少なくなっているのは、農薬や工場の煤煙、車の排気ガスなどが、彼らの生存を脅かしているからかもしれないのだ。

2 クモが繰り出す魔法の糸

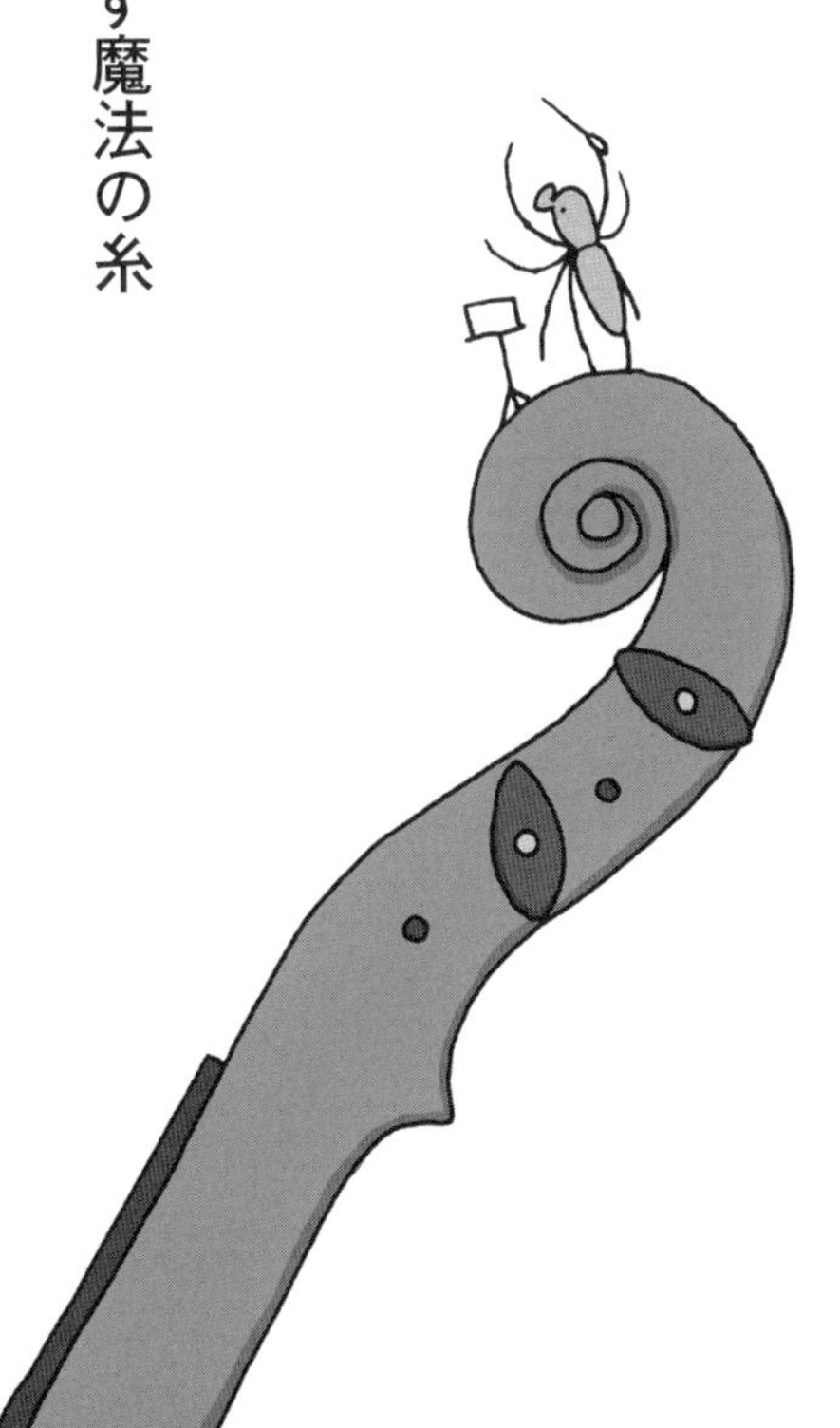

さて、こうして大変な苦労をしてとり出したクモの糸は、さまざまな驚きの性質をみせてくれた。この章では、その性質の数々をご紹介しよう。

柔らかくて強い

まずなにより、クモの糸、とくに縦糸や牽引糸は「柔らかくて強い」。世の中には柔らかい物質はたくさんあるし、強度のある物質もやはりたくさんあるが、柔らかくて強いという、一見相反する性質をともに備えた物質はそうない。

クモの糸の柔らかさは、秋の夜道を歩いているとしばしば長い糸が顔に絡みつくことからも理解できるだろう。あるいは、巣の中央部にいるコガネグモを脅かすと、ブランコのように巣を振って威嚇する。クモ自身がつくる振動で、網が伸び縮みするほど柔らかいのだ。さらに、ハエトリグモは糸を出しながらジャンプするのだが、糸のなす軌跡は放物線を描く。これもまた、糸が柔らかい証拠である。

このように、クモの糸の第一の特徴は、非常に柔らかく、曲げやすいことだ。もし曲げにくい素材であれば、絡みつくこともできないし、放物線など描けない。ある程度多く集めたクモの牽引糸の束を触ってみると、赤ちゃんの肌のような気持ちよい柔らかさがあることに気づくはずだ。

一方、クモの糸の「強さ」を実感として理解することはなかなか難しい。それでも、牽引糸に強度が必要なことは想像できるだろう。いつ切れるかわからない命綱に、クモは信頼を置かないはずだ。十分に空中で活動できる保証のある強度が必要なのである。

もちろん、この「強さ」は実際に測定してみることもできる。たとえば、牽引糸を引っ張っていき、切れたときの断面積あたりの力の強さ、つまり破断応力というものを測ってみると、ナイロンのそれの数倍も大きい。さらに、物体をわずかに伸ばしたり、あるいは逆にわずかに圧縮したりする時の変形しにくさをあらわす「弾性率」という指標があるが（医師の「触診」はまさに弾性率に相当するものをチェックしている）、たとえば一般的な合成繊維の弾性率はせいぜい数GPa（ギガパスカル。たとえばナイロンでは4GPa）なのに対し、クモの牽引糸では13GPaと、それらをはるかに上回る。

クモの糸の不思議な構造

「柔らかくて強い」クモの牽引糸は、どんな構造をしているのだろうか。

クモの牽引糸は、グリシンに富んだ柔らかい非晶域（ひしょういき）（結晶化していない部分）と、アラニンに富み、薄いβ(ベータ)シート構造(複数のポリペプチド鎖が並び、その間に水素結合が作られることでできる平面構造)をした硬い結晶域からなっている(グリシンもアラニンも、ともにアミノ酸の一種)。

結晶域と非晶域が混在しているというのは、何もクモの糸だけではなく、合成高分子でもよくある話だ。しかし、たとえば結晶域と非晶域が交互に直列に並んでいるような合成高分子の場合、

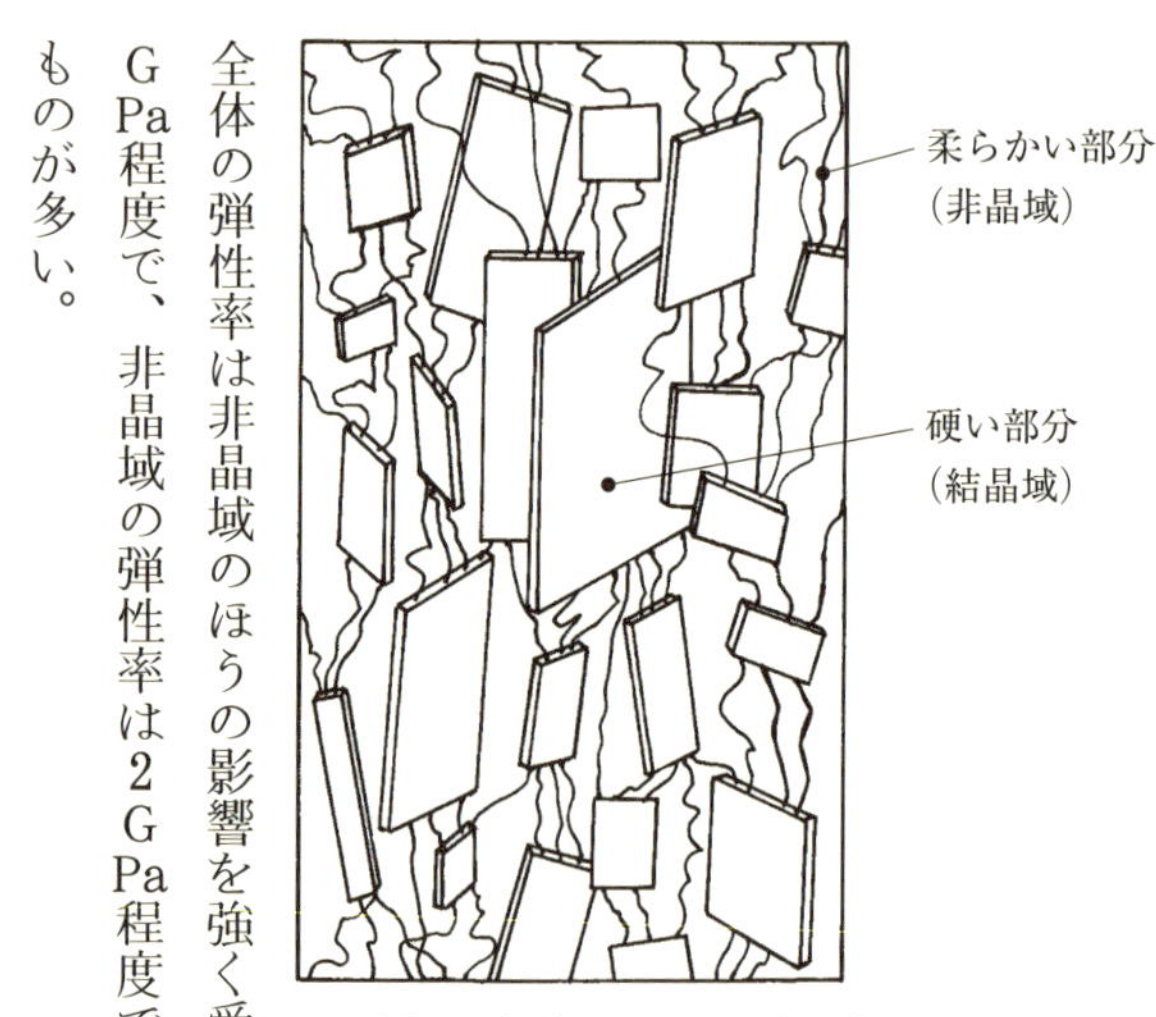

図8　牽引糸の微細構造。薄いシートはβシート構造からなる結晶域で，他の部分は非晶域

全体の弾性率は非晶域のほうの影響を強く受けてしまう。一般に、結晶域の弾性率は100GPa程度で、非晶域の弾性率は2GPa程度である。そのため、全体の弾性率も数GPa程度のものが多い。

一方、クモの牽引糸では、非晶域の中に、結晶域が島のように浮かんでいる(図8)。大きな弾性率には、結晶域のβシート構造だけでなく、結晶域をつないでいるタンパク質の架橋

構造も影響していそうである。

結晶域と非晶域の混在する合成繊維などでは、全体の弾性率は非常に低い(つまり、加える力がわずかである場合には、伸び縮みさせやすい)にもかかわらず、個々の結晶域には厚みがあるためか、全体として曲げにくい。一方、クモの糸は、弾性率が大きい(つまり、加える力がわずかな場合、伸び縮みさせにくい)にもかかわらず、結晶域が非常に薄いシート状のためか、全体として曲げやすい。

こうしたクモの糸の独特な性質が、実のところどのような構造によるのかは、まだはっきりとしていない。そのために、クモの糸の特徴を構造的に解明しようとするのが近年の動きである。最近ではDNAの塩基配列もすぐにわかり、研究室内にいてもクモの糸のアミノ酸配列の推定ができる。そのため、今や多くの研究者が、クモの糸の工業生産も見据え、塩基配列からクモの糸の構造を推定しようと色めき立っている。

クモが教える安全対策

クモがぶら下がる牽引糸の強さには、じつはさらなる秘密がある。そう簡単には切れないような「安全対策」がとられているのだ。

まだその秘密を知らないころ、私は牽引糸が細いのにもかかわらず、クモがぶら下がっても切れないことを不思議に思い、まずは、繊維の強さを測る一般的なやり方にならい、牽引糸にどれだけの力をかけると切れるのか(破断強度)を測ってみることにした。私は当初、同じ時期に採集した同種のクモからとり出す糸なら、同程度の力で切れる(同程度の破断強度を示す)ものとばかり思っていた。しかし、データのばらつきはかなり大きい。ひょっとすると、強度はクモの重さと関係しているのではないか——。そこで、クモの体重に対して牽引糸の破断強度をプロットしてみると、驚くべきことに、重いクモの牽引糸ほど破断強度が大きいという結果が得られたのである。それでも、データにはまだばらつきがあった。

破断強度を測る場合、亀裂の発生点やその伝播の仕方はサンプルごとに大幅に異なることから、一般にデータの再現性はよくない。しかし、正常なバネのように、加えた力と伸びが比例する線形領域では、データの再現性はよいはずだ。そこで私は、破断強度ではなく「弾性限界強度」に注目してみた。

物体に徐々に大きな力を加えていくと、力に比例して変形し、ある限界点までは、加えている力を除けば変形は元に戻る。しかしある限界点を過ぎると、力と変形は比例関係ではなくなり、また加えた力を除いても元には戻らなくなる。伸びきったバネのようなものだ。こ

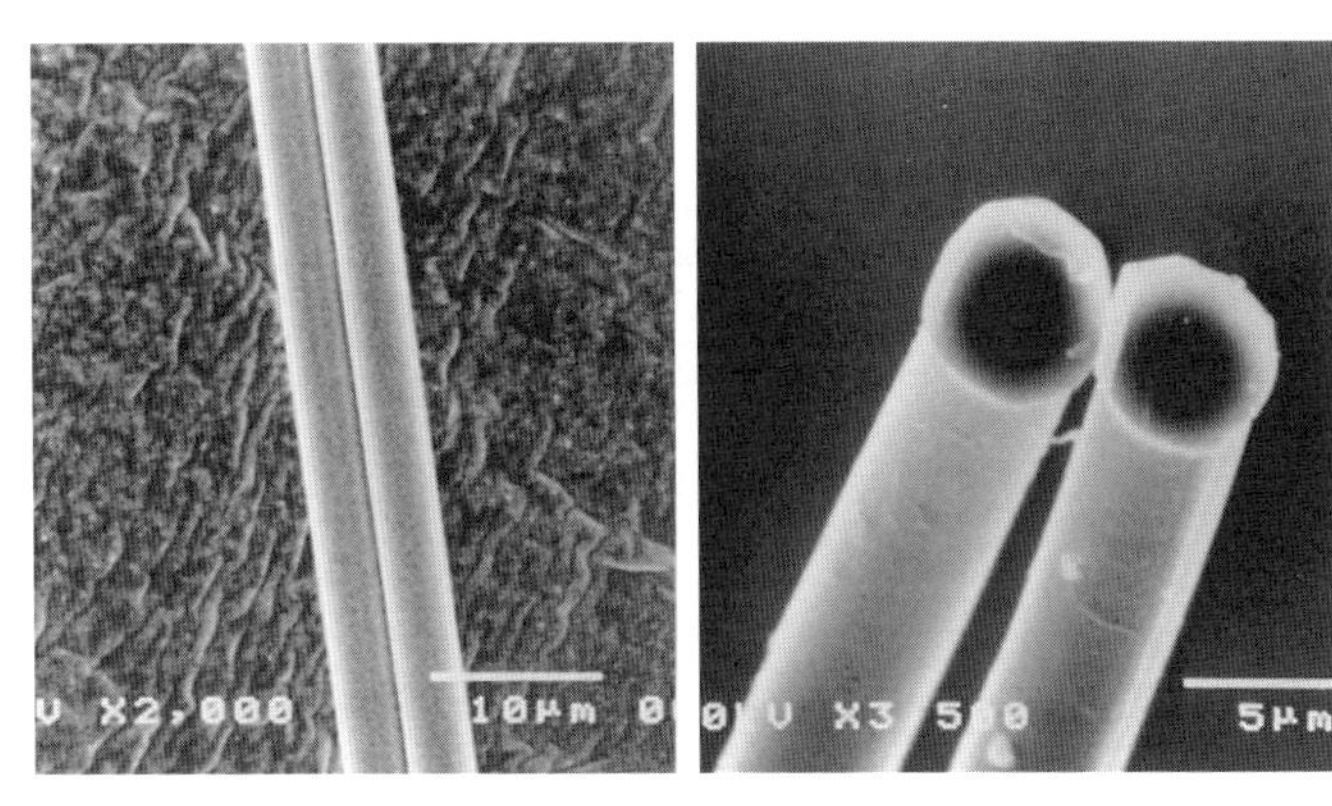

図9 ジョロウグモの牽引糸。2本の繊維(フィラメント)が平行に並んでおり(左)，繊維の断面は円形(右)

の限界点が弾性限界点で、弾性限界点で物体にかかっている力の強さが弾性限界強度だ。重さの異なるクモの牽引糸から得られた弾性限界強度をクモの体重に対してプロットしたところ、限界強度はやはりクモの体重に比例して大きくなっていた。そして、傾きはなんと約2という簡単な数値になったのである。

つまり、牽引糸の弾性限界強度はいつも体重の約2倍になっている。なぜ、2倍なのだろうか。

そこで私は、牽引糸の構造を電子顕微鏡で調べることにした。その結果、牽引糸(命綱)は円柱状の細い2本のフィラメントからなっていることがわかったのである(図9)。クモがぶら下がっているとき、牽引糸は人間の目には1本の糸にしかみえないが、実はその糸は、2本の細い繊維からなっていたのである。

この結果は、重要なことを意味している。2本からなるフィラメントのうち、たとえ1本のフィラメントが切れても、残りの1本のフィラメントでクモを支えることができるのだ。つまり、1本のフィラメントは平常時には〝余分〟であり、また〝ゆとり〟なのである。この〝ゆとり〟が、危機のときに効果を発揮するのである。

クモの牽引糸は、安全性の観点からみて非常に効率的な命綱なのだ。1本ではエネルギー的に最も節約的であるが、危機には対応できず、3本ではエネルギー的に無駄すぎる。〝ゆとり〟を持ちつつ最大の効率性を示す牽引糸によって初めて、クモの俊敏な活動性が保証されていることになる。

私はこの法則を「「2」の安全則」と呼んでいる。「2」の安全則は、エレベーター、橋、飛行機、家屋、トンネルなどの構造物や紐などの工業用素材の安全率、企業や家庭における危機管理に対して、重要なヒントを与えてくれる。

結婚式や卒業式のように記念すべきイベントでは、記念写真はデジタルカメラであっても最低2回、しかも2台のカメラでシャッターを切る。企業では危機回避のため、最高責任者らは別々の飛行機に乗って出張する。プロ野球の遠征でも、2つのグループに分かれ、別々のルートで移動している。

防犯の観点から、家の玄関のドアの鍵は2個。火災などの非常事態に備えて、家の出入口は2ヶ所設けたほうがいい。医療事故を回避するためには、最低2人が操作や処置を確認することが大切……。ざっと見渡しただけでも、「2」の安全則は身の回りにあふれている。

高温に耐える

クモの糸はどれだけの高温に耐えるのだろう。なにぶん、私以前には誰一人として測定した人がいなかったことから、皆目見当がつかない。そこで、牽引糸について、可能な限り高温までということで、600℃まで温度を上げて様子をみた。

その結果、クモの牽引糸は250℃以上で分解し始め、300℃では20%ほど重量が減り、350℃ぐらいになると変色し、600℃になると完全に分解してしまうことがわかった。すなわち、少なくとも250℃までは安定な状態を保っていたのだ(図10)。ちなみに、ポリエチレンの融点は約120℃である(なお、クモの糸には合成高分子のような融点は存在しない。合成高分子は、分厚い結晶の中にたくさんの結晶格子を含み、そこで吸熱して分解するが、クモの糸の結晶部分のβシート構造は極めて薄いため、吸熱の余地はほとんどないのかもしれない)。クモの

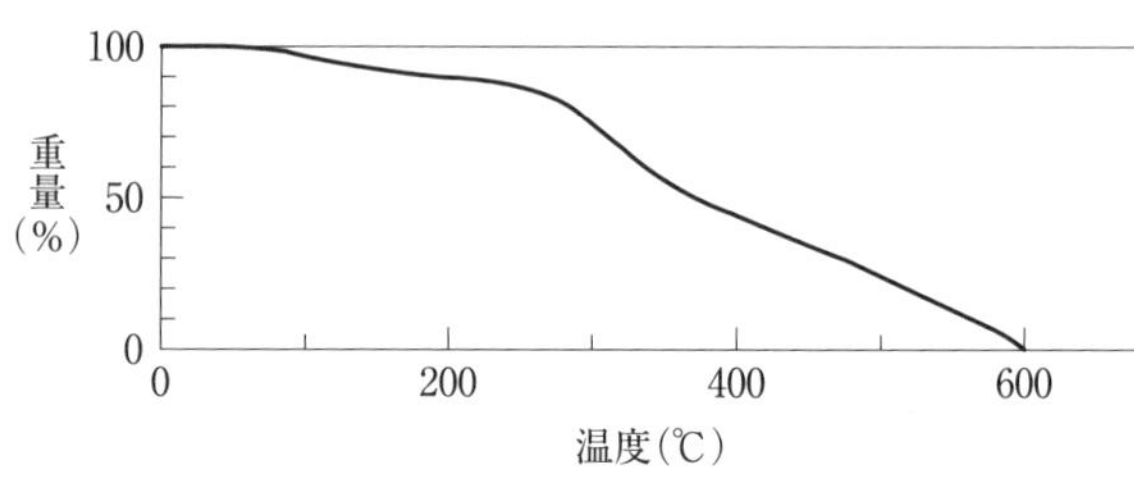

図 10　メスのジョロウグモの牽引糸を熱したときの重量の変化。重量は 250℃ あたりから減少する

牽引糸のこうした熱特性はクモの種類のみならず、雌雄にも依存するものの、概ねよく似ている。

これほどの高温に耐えることに、生態的な意味はあるのだろうか――これはなかなか難問である。ただ、クモが巣を張る際には糸の先端を固定しなければならないが、固定する先は岩である場合もある。岩が直射日光に当たっていると、１５０℃ぐらいの温度にはなるだろう。灼熱の太陽の下で、巣が溶けるようなことがあってもならない。クモの糸が耐熱性をもつのは、こうした事情からかもしれない。

紫外線で強くなる

絹糸は紫外線で劣化し、黄ばんでしまう。そのため、紫外線の強い夏に絹の和服で外出するのは好ましいことではない。

では、同じくタンパク質からなっているクモの糸も、紫外線によって劣化するのだろうか。横糸はともかく、縦糸が紫外線で劣化してしまったら、巣が壊れやすくなって、飛んでくる獲物も捕れなくなってしまうのではないか？　これはクモにとっては死活問題だけに、ついつい心配してしまう。

しかし、クモは私の心配をよそに生き続けている！　何か紫外線に対する特別な工夫でもしているのだろうかと、非常に不思議であった。

これを調べるチャンスは1995年にやってきた。この年に私は島根大学に教授として赴任したのだが、前任の錦織禎徳名誉教授が、紫外線照射装置と力学測定装置を残していかれたのだった。これを使わない手はない。紫外線を当てたときにジョロウグモの牽引糸の強度がどう変わるか、調べることにした。牽引糸は、巣の骨格を構成する縦糸と似た性質を示す。

紫外線と一口にいっても、波長の細かい違いによっていくつかに分けられる。まずUV－Aは波長の長い紫外線で、地球の表面に届く紫外線の多くはこれだ。一方、波長がもう少し短く危険な紫外線UV－Bは地表にわずかしか届かないが、オゾンホールができると多く届くようになる。そして最も波長の短い紫外線UV－Cは、地表には届かない。

そこで、人工的に作ったUV－Aをクモの糸に当ててみた。すると、牽引糸の破断応力（糸が切れるときの断面積あたりの力の強さ）は、照射時間が経過するとともに上昇し、5時間後に極大を示した後、徐々に低下したのだ。紫外線照射によって破断応力が上昇するなど全く

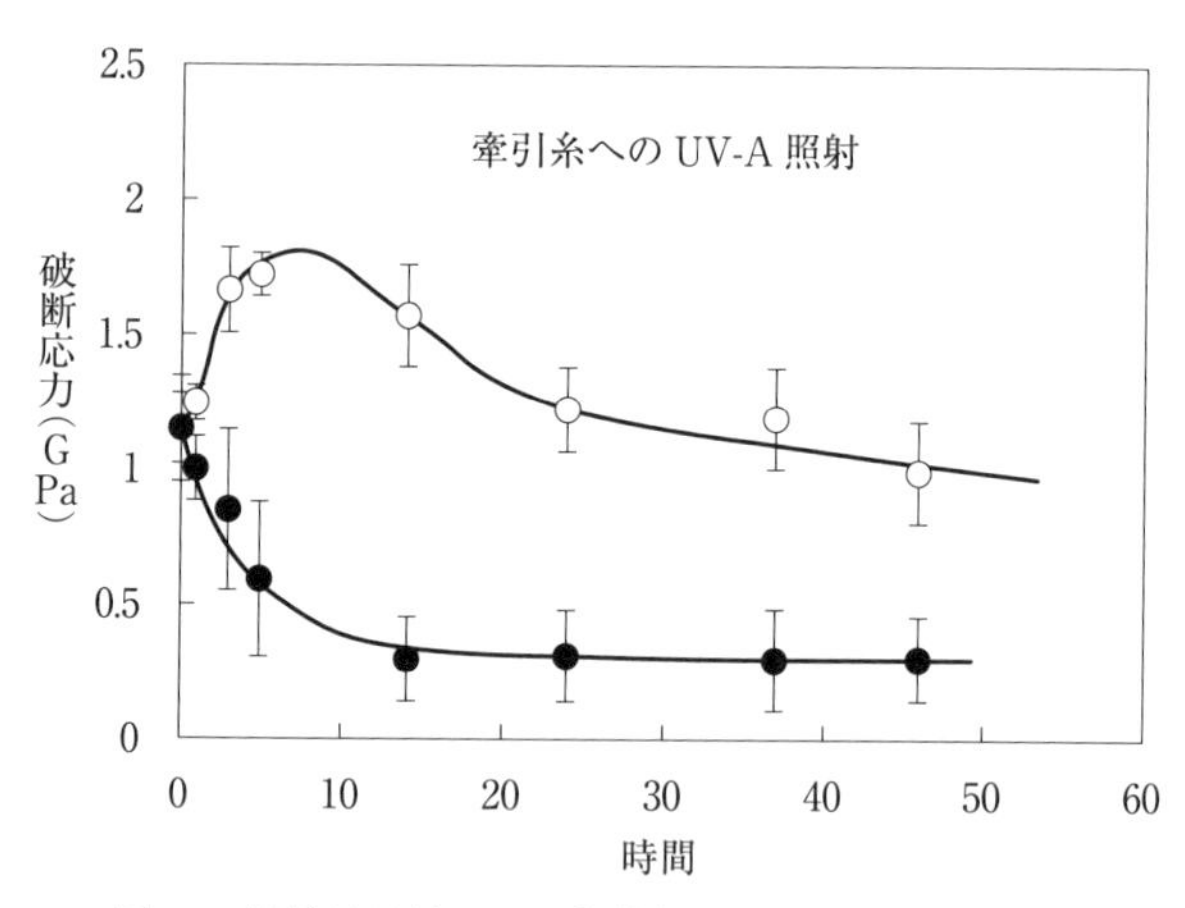

図 11　紫外線照射による牽引糸の破断応力への影響。○：昼行性のジョロウグモ，●：夜行性のズグロオニグモ

の予想外で、私はわけがわからなくなってしまった。測定のエラーではないかとすら思った。クモが成体になる翌年の夏にならないと新たなサンプルは得られないので、いったんは諦めたが、よもやと思い、その後5年間にわたって測定を繰り返したところ、やはり破断応力はUV－Aの照射によって明らかに上昇することが裏付けられたのである(図11)。

先述のように、ジョロウグモの巣は毎晩、半分ずつ張り替えられる。つまり、いったん張った部分は、2日後に張り替えられるのだ。紫外線によって、ジョロウグモの糸の破断応力はいったん極大を示し、その後、しばらくしてから初期値まで下がる。そこまでにかかる時間がちょうど、クモが巣を張り替える周期(2日)と対応しているのであった。昼行性のジョロウグモは、紫外線による糸の劣化という観点からはとても理にかなった周期で、巣をメンテナンスしているといえるだろう。

一方、夜行性のズグロオニグモの牽引糸について同様に調べてみると、なんと糸の破断応力は、照射時間とともに低下するのみであった。先述のようにズグロオニグモは、毎日、夕方に巣を張り替え、夜間に獲物を捕獲する。ズグロオニグモが活動する夜には紫外線など来ないので、糸には紫外線耐性は必要ないのだ。

さらに他のクモも調べてみたところ、昼行性のクモの糸は紫外線によって強化されるが、夜行性のクモの糸は劣化しやすいことがわかってきた。クモは昼と夜との活動において、うまく環境に適応しているようだ。

水を吸って縮む

露に濡れて太陽光に輝いているクモの巣を見ると、多くの人はその芸術的な美しさに見惚れてしまうだろう(図12)。しかし、その幾何学的な形が維持されていることに不思議さを感じる人は少ないかもしれない。我々はふだん巣の状態でしかクモの糸を見ないため、糸そのものの吸湿特性を知ることはほとんどないからである。

図 12　露に濡れて太陽光に輝いているジョロウグモの巣

何と、クモの糸を水に浸すと、半分の長さに縮むのだ(図13)。にもかかわらず、露や雨に濡れても、クモの巣は縮んでいない。矛盾しているのである。なぜ、こんなことになるのだろうか。

まずは、両端が自由なジョロウグモの糸について、吸湿前後でX線回折像(X線を試料に当てて得られた回折像。分子の配向性を評価できる)を比較し、結晶域の並び方がどのように変化するのかを調べてみた。すると、吸湿の前には、結晶域が繊維の長さ方向に並んでいたのが、吸湿させて縮んだクモの糸ではランダムな方向に向くようになっていた。非晶域にある伸びたタンパク質が吸湿によって縮む結果、結晶域も配列し直したらしい。

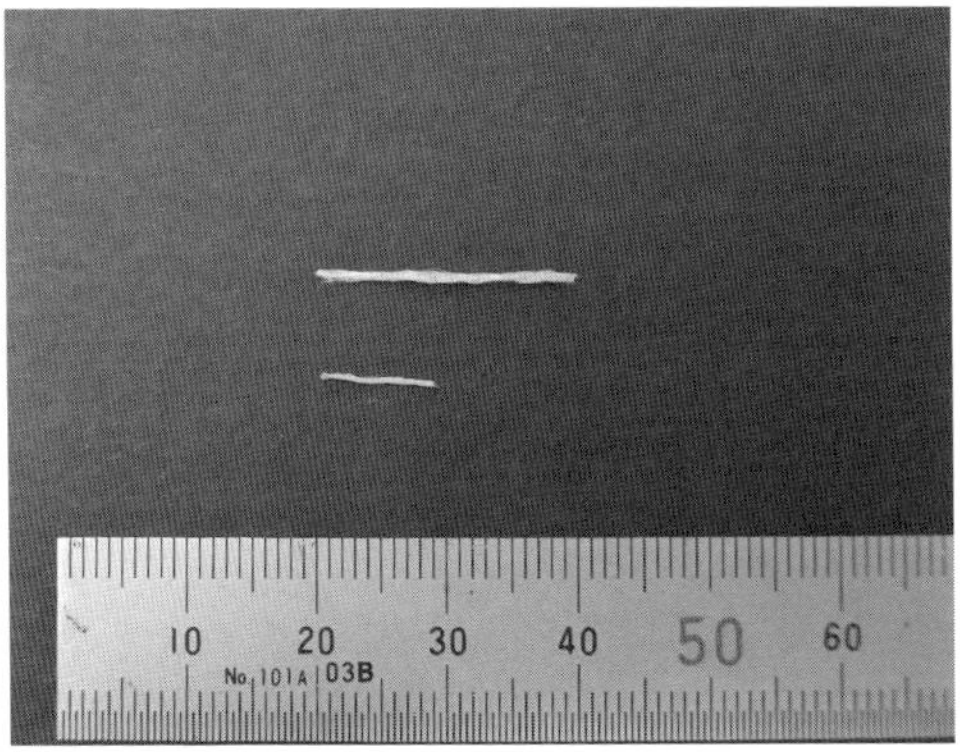

図13 クモの糸は吸水によって半分に縮む。吸水前(上)，吸水後(下)

では、網目構造をとるクモの巣のように、糸の両端が(他の糸などに)固定されていると、吸湿の前後でどのような変化が起きるのだろうか。クモの巣の網目状態を再現するため、わずかの力で糸の両端を固定した状態で吸湿させてからX線回折像を撮ると、吸湿前とほとんど変わらない像が得られた。つまり、吸湿しても結晶域の並び方には変化がみられなかったのである。どうやら、クモの巣では糸の両端が固定されている、というのがポイントらしい。

吸湿させたときにクモの糸にかかる力を調べてみると、まず糸をかなりたるませて両端を固定した場合、吸湿して縮むときに、糸には引っ張りの力が発生した。しかし、糸をたるませず両端を固定した場合、吸湿させると、いったん発生した引っ張りの力はやがて弱くなる(応力緩和。変形の直後には分子が無理な配列をとっていたのが、時間が経つとより安定な状態に配置し直されることによる)ことがわかった。

すなわち、張られたばかりのクモの巣のように、糸の両端がわずかな引っ張りの力で固定されていると、吸湿の後に応力緩和が起こり、引っ張りの力が弱められる。また逆に、獲物が飛来してたるんだような状態になっている部分は、吸湿によって縮んで、適切な長さになるだろう。つまりクモの巣には、その糸を適正な長さに修復できる仕組みがあり、幾何学的構造がうまく維持できるようなのだ。人間のホメオスタシスと同じようなものである。生物界の巧妙な仕組みには驚くばかりだ。

ヒトはクモの糸にぶら下がれるのか？

40年近く前のこと。ある会合で、「芥川龍之介の小説の「蜘蛛の糸」のように、ヒトがクモの糸にぶら下がることはできませんか？」と質問された。ちょうどそのころは、クモから糸をとり出すことが非常に難しいとわかり始めていたころであったため、私は「そもそも、クモの糸をたくさん集めるのは無理ですね」と返事をした。理論的にはヒトの体重を支えられるだけの糸の量は計算できるものの、どうしても15cm程度の長さは必要で、そんなに長いクモの糸をたくさん集めることなど、当時はほとんど不可能に近かったからである。

2004年になって、今度は「所さんの目がテン！」という番組（日本テレビ）のディレクターから、「ヒトがクモの糸にぶら下がる実験をしたいのですが……」という相談を受けた。そこで私は、生きたクモを使って糸をとり出すことの難しさを説明した。その上で、「糸集めが難しいので無理です」と伝えたが、ディレクターは簡単には諦めない。そこでとにかく、クモの生息場所と、クモ集めで相談すべき人の紹介だけはしておいた。

するとその後しばらくして、同じディレクターから、鹿児島県で中学生を集め、コガネグモの糸を大量に集めたという連絡があった。長さが100cmほどの糸の束で、重さから2万

5000本ほどと思われた。この熱意に押され、私もついに、スタジオでの実証に立ち会うことになったのである。

しかし結果からいうと、この実証実験は失敗に終わった。紐にぶら下げたカゴに、まずはヒトではなくスイカを順次乗せていったのだが、20 kgを超えたところで糸が切れてしまったのだ。その年の秋、年末総集編でもリベンジを企んだが、今度は小学生が乗ったところすぐに切れてしまい、前回以上に無残な結末に終わってしまった。やはり、クモの糸にヒトがぶら下がるという実験は一筋縄ではいかないのである。

どうも、糸とりの方法や糸束の集合体への力の加わり方などに問題があったらしい。さらに、結び目で切れやすいこともわかってきた。計算上はヒトが十分ぶら下がれる強度であっても、実際となると話は別であった。

もう1つの大きな問題は、2回の失敗実験の過程のすべてを私がチェックしたわけではなかったということだ。これは最近よくある共同研究の盲点にも当てはまる。そこで、いずれチャンスがあれば、糸とりも含めてすべての過程を自分でフォローして実験してみたいと考えるようになった。

2005年の夏から、再度の挑戦が始まった。鹿児島や高知などの南国からたくさんのコガネグモを集め、休日には自宅で、平日には私と研究補助員の2、3人体制で、私自身のチェックの行き届く範囲で糸とりを行った。さらに、結び目をなくすべく、フレーム(図7)に巻きとった糸束の輪っかを外して、何個かの輪っかを一緒にして太い輪っかにした。これをハンモックと綿ロープの間に直列に入れ、ハンモックに乗って、その強度を試してみることにしたのである。

そして、その時が来たのは2006年5月のことであった。自宅の庭で、19万本のクモの糸からなる輪っかを使い、65kgの私が、恐る恐るハンモックに乗ることになった。切れても糸束の替わりはなかった。

そして、「切れるかもしれない」という心配をよそに、やっと、ヒトがクモの糸にぶら下がることに成功したのである(図14)。人間の実感として、クモの糸の強さを証明した瞬間であった。妻とともに、喜び合ったものである。

その数日後にはテレビ局が大学に来て、そのときもぶら下がる実演に成功した。しかし、その直後にアクシデントが発生した。テレビ局の記者は、隠し玉として110kgの男をワゴン車の中に用意していたのである。最初は断ったのだが、ついついディレクターの言葉に乗せられて、隠し玉氏がクモの糸束にぶら下がる実験をしてみることにした。すると――隠し

玉氏がハンモックに腰を掛けるやいなや、大丈夫かどうか心配する間もなく、あっという間に糸束は切れてしまったのだ。私は頭の中が真っ白になり、呆然と立ちつくすしかなかった。

それ以来、私は集めた糸束にぶら下がる実験を何度も繰り返した。すると、最初はぶら下

図 14　ヒトがクモの糸にぶら下がることに成功

がれるものの、何回か乗っていると切れてしまうことがわかってきた。たくさん重ねた輪っかの中の細い糸から順次切れて、最後は糸束すべてが切れてしまっていた。

それから数々の失敗を重ねつつ、ようやく、繊維間の隙間を減らすことで強度のある紐を作れるようになっていったころ、「We are crazy」という海外向けのドキュメンタリーの収録があった。2013年11月、何日間かの密着取材の最後の日の土曜日のこと。ディレクターが「誰か重い人はいますか？」という。平日であれば、大学で最も重いのが腫瘍病理の教授で、120kgぐらいあることを知っていた。しかし、土曜日なのでどうすることもできない。そこで、臨床研究棟を探しまわったところ、なんと1人いたのである。「100kgぐらいです」という、大学院生の医師であった。重すぎて切れても困るが、ちょっと残念な気持ちになった。

そこで事情を説明して、「中庭の桜の木の下で、クモの糸に結んだハンモックに乗ってくれないか」という話を持ち掛けた。現場には、200kgまで測れるヘルスメーターを持参した。まずは私が乗り、次に大学院生である。クモの糸の紐も100kgなら何とかなりそうだと思っていた。ところが、大学院生がヘルスメーターに乗ったところ、なんと124kgの目盛りを指したのである。大学院生も、自分がそれほどあるとは初めて知ったようであった。

ちょっと重たすぎて不安であったが、いったん呼んできたからには、ハンモックに乗せないわけにもいかない。今までのレコードは80kgが最高で、そのときはすぐに切れている。一か八かの賭けである。こちらで危ない！と言ったらすぐに降りるよう念を押して、ハンモックに乗るように伝えた。

１２４kgの大学院生は、恐る恐るハンモックに乗った。すると、なんと切れずに成功したのである！　この一件は、今までのレコードとなった。

クモの糸でトラックを牽く

２０１３年、ダウンタウンの「１００秒博士アカデミー」という夏の特番（ＴＢＳ）のことである。何人かの研究者が、それぞれの得意な分野を披露する番組であった。まず、スタジオ内の多くの観衆の前でクモの糸に関する説明を行い、その後、他の出演者たちの前でも同様の説明をしたうえで、クモからの糸とりの実演を行い、最後には、集めた糸でトラックを牽いてみるという筋書きであった。

特番の話のあったころは、クモの糸は後述するバイオリンの弦用に集めたのであり、ぶら下がりや引っ張り用などには全く考えていなかったため、私の心は非常に揺れた。バイオリン用に集めた長い糸を、わざわざトラックを引っ張るために使うのはもったいない。ただその一方で、先述のように繊維間の隙間を減らして紐の強度を上げる方法を見つけていたので、これを一度試してみたいという気もあった。

とはいえ、積載量が2トンのトラックであれば、全重量はゆうに3トンはある。100kg程度の人の重さとは桁違いである。あらかじめ大学構内で荷車に6人ほど載せて引っ張ってみたところなんとか成功したものの、小型自動車の場合は引っ張ってもびくともしなかった。あまり強引に引っ張って紐が切れてしまっても予備はないので、事前のテストはそこで止め、ディレクターにはあらかじめ、「トラックは無理かもしれない」と不安を伝えていた。

しかし収録当日にはなんと、積載量2トンのトラックが用意されていたのだった！　やはり、企画の目玉はトラックなのだ。うまくいくとは思えなかった。

収録の最後、いよいよトラックを引っ張るという段になった。「切れても仕方がない」と、私は諦めの境地に達していた。腕力のある2人のスタッフがトラックの前輪部分にロープをかけ、それにクモの紐を結び、それにまた綱引き用のロープを結んだ。このロープで、2人のスタッフがトラックを引っ張ることになった。私は彼らに、ゆっくり引っ張るように要請した。瞬間的に力を加えることで切れないかと心配したのである。ダウンタウンの浜田さんも、「ゆっくりやで」と、私の言葉を繰り返してくれた。そしてゆっくり引っ張ったところ、「あっつ！ 切れたか！」と一瞬思ったが、トラックは動いたのである。スタジオ収録で、初めて成功したのであった。

これに味を占めて、浜田さんはトラックに大勢乗ってみようと提案した。他の出演者たちが次々と、計6人も乗った。「先生も乗られたら」とすすめてくださったが、私は切れることが心配なので、そばで見守ることにした。

結果、紐は切れずに、2トントラックに6人乗った車(約3500kg)は動いたのである。クモの糸はここまで強いということが、証明されたのであった。

コラム　人工クモの糸の夢

21世紀になると、それまで夢であったクモの糸の量産化の話が現実味を帯びてきた。2002年の科学雑誌の「サイエンス」誌上では、カナダのベンチャー企業「ネクシア」と米国の陸軍が共同で、遺伝子工学的手法でヤギのミルクからクモの糸を作りだすことに成功したとの発表が行われた。もし、クモの糸が量産化できれば、独特な機能を持つクモの糸の製品ができることになり、まさに世界的なビッグニュースである。私はその翌年、カナダで開催された国際学会に出席したとき、誘いを受けてネクシアの研究所を訪れ、遺伝子工学的手法で作ったというクモの糸を巻きとったボビンを見せてもらった。ネクシアによれば、「2004年には試供品を配って実用化テストを繰り返し、2005年には実用化したい」とのことだった。

もしクモの糸が量産化されたら、私が根気よく集めているクモの糸も役割がなくなってくる。私が集めている量は、何トンという大量生産とは比較にならない低いレベルなのである。しかし、待てどくらせど、ネクシアから新しい発表はなかった。結局、分子量で適切な大きさのものができずに、2009年には撤退したものと言われている。

また、日本の信州大学では、蚕にクモの糸の遺伝子を導入して、糸を作ろうという試みがあった。糸づくりという加工の観点からは、最も合理的な発想であった。しかし、蚕の中にクモの糸成分が10％程度しか含まれず、しかも糸にクモの糸の特徴が反映されているという明確な報告がなかったのは残念であった。

さらに、山形のベンチャー企業が、クモの糸の遺伝子を組み込んだ枯草菌（こそう）を用いて、人工のクモの糸の生産への道を開いたという報道もあった。しかし未だに、できた物質がどのような特性であるのかの報告がどこにもないので、コメントしようがないというのが実情である。目下、クモの糸は21世紀の夢の繊維として実用化が期待され、世界的に多くの企業が人工のクモの糸の研究開発に取り組んでいるところである。

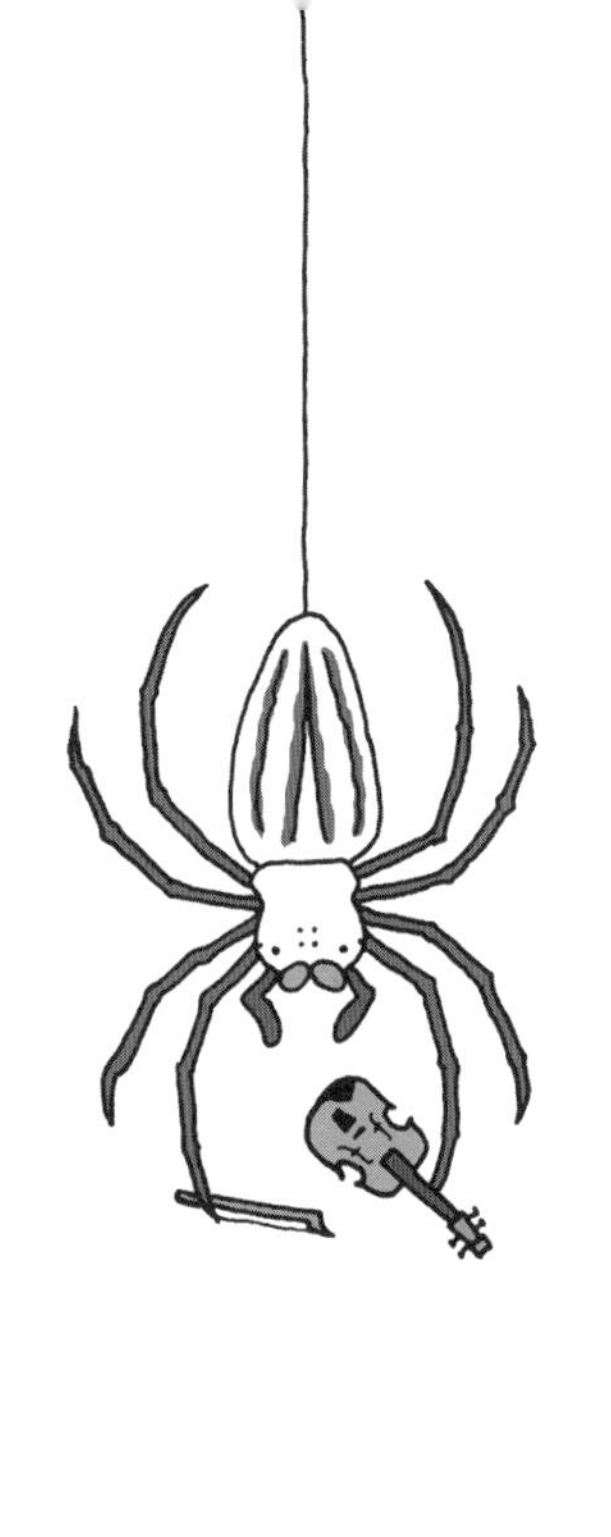

3 バイオリンに挑戦!

音楽に参戦

時は少しさかのぼって２００８年。クモとの付き合いを深めつつも、本業が医学部の教授であった私は、年々多忙をきわめるようになっていた。平日は会議や本業の研究に追いまくられ、クモを採集したり、データをまとめたりといった作業は休日にするというサイクルが長年にわたって続いた。そして特に２００８年度は、大学院の責任者も兼ねていた。

そうしてついに、その年末から２００９年の正月休みに、私は体調を崩して入院してしまったのである。年末は手術、正月は集中治療室の中であった(もっとも後で考えれば、これも長年にわたって、夏の暑い時期、水分の補給もせずクモ採りで南国を歩きまわっていたツケがきたのかもしれない)。

幸いにも体は快復し、久しぶりに休暇らしい休暇をとった3月のある日。「休日とはこんなにいいものなのか！」と感動しながら車に乗り、ゆったりとした気持ちでＣＤ音楽を聴いていると、ふと懐かしいロシア民謡「山のロザリア」のバイオリン曲が流れてきた。そしてそのしんみりとした音色は、私の心の奥深くに刻まれたのである。同時に私は、20年以上も前、ヨーロッパの古い教会で出会ったバイオリンの音色の強烈な印象を思い出していた。

クモの糸でバイオリンを奏でてみたらどうなるのだろうか？——バイオリンの余韻を楽しみながら、私は夢物語のようなことを考えていた。

しかし、夢物語を実行に移す機会は、意外にも早くやってきた。ちょうど同じ年の5月、私は大阪で講演し、その最後の部分で、クモの糸にぶら下がる実演をする予定になっていた。しかし4月になって、大阪では新型インフルエンザが流行り始め、講演会は中止になってしまったのである。延期ということで少し気分が楽になり、ふと、「山のロザリア」を思い出した。そしてその時、実演用の短い糸束を何個かつないで長い紐にして、バイオリン用の弦ができないかと考えたのだ。

夢物語とはいえ、それなりの勝算はあった。まず、40年にわたって研究を行う中で、クモの糸は力学的に強く、さらに弾性や柔軟性もあることがわかっていた。こうした糸の特徴は、バイオリンの弦にも向いているのではないかと思ったのだ。また、そのころはちょうど、人がぶら下がれるクモの糸束づくりに挑戦しており、クモから長い糸をとり出すコツが少しずつわかってきていた。さらに、これまで「本業」のほうで、マイクロ波の共振器系を利用して分子の配向を調べる装置を作ったりしてきたこともあり、音色の評価方法のひとつである周波数解析へのハードルも高くない。皮膚などの生体組織のコラーゲン繊維の力学特性の研究もしてきたことから、バイオリンの弦によく使われるガット(羊の腸)やナイロンなどの力学特性はいつでも測定できる状態にあった。

弦楽器を弾いたこともなかった私はこうして、バイオリンの弦という入口から、向こう見ずにも音楽分野に参戦することにしたのである。

バイオリンを購入

2009年11月のある夕方、自宅近くの楽器店を訪ね、ギターやバイオリンとそれらの弦を見せてもらうことにした。バイオリンにクモの糸の弦をすぐにセットするのは無理だとしても、美しい音色の出るバイオリンは購入しておきたいと思っていた。とはいっても、30万から50万円もする高価なバイオリンなどすぐには買えない。そこで、とりあえず中国製の安価なバイオリンを1挺注文することにした。

そして5日後の夜、注文していたバイオリンを楽器店から受け取った(図15)。私にとっては生まれて初めて、バイオリンを手にした瞬間であった。店長は、ケースに収めていたバイオリンや弓をとり出して丁寧に説明してくれた。初めて聞く言葉が多くて理解できそうにもなかったし、言葉の意味を尋ねるよりも早く音を聴き、また弾き方を目で確認したかったので、一度弾いてくれるよう頼んだ。店長は快く応じてくれ、バイオリン本体と弓をとり出し、チューニングをした後、「ここを、こうして……」「弓はこの部分で、弦に直角に引いて……」と説明しながら弾いてくれた。さらに、楽器を安定させて弾きやすくするための肩当ての使い方も教えてくれた。

一通りの説明が終わった後、のちの弦づくりに備えて、弦は何でできているんですか、と尋ねた。すると、店長は「ほとんどすべて金属でできています。金属の芯のまわりを細い金属で巻いてあります」という。金属だから安いのか、と私は納得した。「ガットでできているのはありませんか？」と聞くと、「ガットの芯のまわりに銀線を巻いたものはありますが、今ここにはガットだけの弦は置いていません」との返事であった。

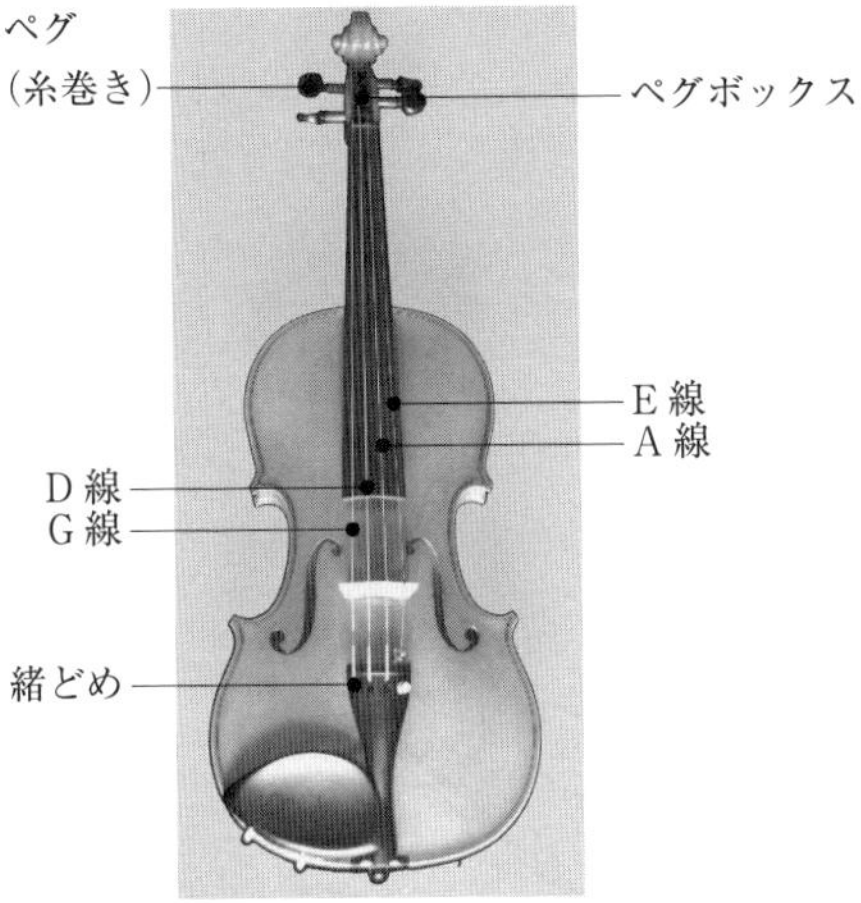

ペグ
（糸巻き）
ペグボックス
E 線
A 線
D 線
G 線
緒どめ

図 15　購入したバイオリンと各部の名称

私の大きな目的はクモの糸の弦でバイオ

リンを弾くことなので、まずは、購入したバイオリンを調べたり使ったりしながら、どのような弦を作ったらよいか考えることにした。初心者の私にはバイオリンの微妙な音色の違いなどわかるはずもないが、まずはとにかく、手にとって弾いてみた。弾いたというより、弓を弦に当てて引いて音を出したというのが正確である。それでも、私にとってはバイオリンで初めて出した音であり、どのレベルの音質であればよいのかもわからない段階ながら、「これがバイオリンか……」と感慨深いものがあった。

音楽大学を訪問

まずは、音楽の歴史的な知識を深めることはもちろん、弦楽器で使用されている弦の素材の性質がどうなっているのか、そして音を解析する方法についても調べたい。現状を認識することは、研究の第一歩である。何ヶ所かの図書館や書店で文献や書籍を調べ、弦楽器の知識を増やしたものの、弦に関して参考になるものはほとんどなかった。そこで、音楽を専門にしている大学であれば何かわかるのではと思い、２００９年12月中旬、大阪音楽大学の図書館を訪れることにした。

しかし、図書館には音楽関係のいろいろな本が揃っていたものの、弦の素材や音色の解析に関して参考になるものは見つからない。ただそのとき、図書館の職員の方から、楽器博物館が別のキャンパスにあると教えられ、ぜひそちらも訪問してみようと考えた。

　楽器博物館は校舎の2階にあった。受付から見える内部には、弦楽器はもちろん、管楽器やピアノなど、見ただけで圧倒されそうになるほどの種類の楽器が所狭しと並んでいた。

　その受付で、弦楽器について説明してもらえる方はいないかどうか、尋ねてみた。すると、「ちょうど今日はバイオリンの担当者がいます」ということで、すぐに紹介していただけた。

　特にバイオリンの弦に関心があることを伝えると、その男性の担当者は、すぐさまいろいろな種類の弦を持ってきてくださった。ちょうど、弦を集めておられる方であった。「これが羊の腸で作ったガット弦です」「これはナイロンですが、今各社で熾烈な競争になっているんです」など、詳しく現状を説明していただく。さらに、ガットは太さの不均一さが問題で、細いところで切れやすいなど、それぞれの弦の特徴も教えてもらった。

　ガット弦を触らせてもらったところ、硬い感じのする弦で、ねじってあるのがわかった。私は本業のほうで、解剖用の遺体の臓器を触ることがあるが、ちょうどその乾いたときのものに似ている。さらに太い弦を見せてもらうと、そちらは琴用の太い弦によく似たものであった。

弦を見せてもらった後、館内のバイオリンコーナーを案内してもらう。展示ケースの鍵を開け、展示してある名器を次々ととり出して、弾いていただいた。どのバイオリンから出てくる音色も、なんともいえない素晴らしいもので、ただ聞き惚れていた。担当者の方にそう伝えると、「私はここの教員なんです」と身分を明かされた。

この方こそ、博物館の楽器班の主任でバイオリニストの松田淳一先生であった。次々と弾いていただいたバイオリンの中には、1億円のストラディバリウスや2000万円もする弓もあり、私の胸は感動と感謝の念でいっぱいになった。

松田先生は多くの弦を集めておられ、弦のことにも詳しそうであった。そこで私は試しに、ウクレレとバイオリンの弦の違いについて聞いてみた。実のところそのときはまだ、バイオリンよりも弦の長さが少しでも短いウクレレにしようかと迷っており、ウクレレも購入していたからだ。すると松田先生は、「ウクレレは弦の素材の違いが音に反映されにくいのですが、バイオリンの音は弦の素材そのものが反映されます。クモの糸で、バイオリンの弦を作ると面白いと思います」とおっしゃる。私はこの松田先生の言葉によって、クモの糸の弦をセットするのはやはりバイオリンにしようという決意を新たにしたのであった。

クモの糸で音が出た！

さて、何はともあれ音を出すのだ。2009年の暮れも押し迫った天皇誕生日。すぐ後で述べるように、この年の夏には100cmもの長い糸を用いた弦の作成にとりかかっていたが、まだ完成にはほど遠い。その当時手元にあった、ヒトがぶら下がるために集めていた12cm長のクモの糸束の輪っかを何個か、順次横結びでつないで、60cmほどの紐を作った。結び目が目立たないようにするのは至難の業であった。それでも、いろいろと工夫を凝らしながら、「弦の真似ごとの紐」と呼べる程度のものは作りあげた。およそ弦と呼べるような代物ではなかったが、そのころとしては精一杯のレベルであった。

どんな音が出るのだろうか。私は、スチール弦の高くシャープな音とは違った音が出る可能性にだけは期待していた。ところが妻は、「どんな音なのかわからないし、いい音どころか、逆に、よくない音かもしれないね」と、この期待に冷水を浴びせるようなことを言う。確かに、誰もクモの糸の弦でバイオリンを弾いたことなどないのだから、出てくる音色などわかりはしないのだが、この言葉は私を一層燃え立たせた。

自宅の応接室で、クモの糸の紐を初めてバイオリンにセットしてみた。バイオリンを購入したとき、弦の張り方については説明を受けていなかったが、とりあえず、ウクレレで覚えたやり方で取りつけてみることにした。まずは、紐の端を緒どめで固定し、もう一方の端をペグボックスという穴に入れ、ペグを回して引っ張って切れない程度に締めた(各部の名称は51ページの図15参照)。その状態で、弓を当てて弾いてみる。

すると、なんと音が出たのだ。このときの顚末は、「はじめに」でも触れた通りだ。クモの糸の紐をセットしたバイオリンで奏でた、初めての音であった。金属製の弦の高いシャープな音とは違って、柔らかい音だ。

とにかく、クモの糸の紐を張ったバイオリンで、初めて音が出たのである。この段階では紐を張る力が弱く、チューニングもしていないので、かなり低い音であった。それでも、ウクレレとは違う、バイオリン特有の音を、駆けつけた妻にも感じてもらうことができた。

翌日の午後2時過ぎに、大学の教授室にいたところ、神経内科の上野聡教授が訪ねてきた。音楽に詳しい上野教授はその数日前、先述の松田先生とお会いしてから1週間ほど後に、やはり「ウクレレとバイオリンなら、断然バイオリンですよ」と薦めてくださっていた。そんな事情もあって、上野教授には、クモの糸の弦を張ったバイオリンの初めての音色を聴いてもらったのだ。すると上野先生は、(音色はともかく)「世界的にみると、バイオリンを演奏する人はやはりヨーロッパが断然多いですから、国際学会で発表したらどうですか」と勧めてくださった。

さらに話をしているうちに、やはりバイオリンを薦めてくださった松田先生にも、その場から電話で報告し、音色を聴いてもらうことになった。上野教授に受話器を持ってもらい、クモの糸の紐を張ったバイオリンを弾く。すると、松田先生は電話口で、「明らかに他の弦とは違いますね」とおっしゃった！　クモの糸ならではの特徴が出ているとの感想をくださったのだ。そして、「弦を持ってきてもらえば、ストラディバリウスに張って弾いてみたいですね」との言葉までいただいたのである。

お世辞とは思いながらも、専門家による思いもかけない反応に私は大喜びし、「来年の1月には大学を訪問します」と約束していた。その時点では、クモの糸の紐はチューニングすら全くできておらず、力学的にも弱い偽の弦でしかなかった。それでも、松田先生が「ストラディバリウス」と口にされたその瞬間から、名器ストラディバリウスに張れるような弦を作ることが私の新たな目標となったのである。その後、長くて大変な日々が続くこともつゆ知らず、その日の私は「今日は世紀の1日かもしれない」と有頂天であった。

長い糸がほしい

輪っかをつないだ紐をバイオリンにセットして、めでたく音を出すことができた。しかし、考えてみれば、どのような紐でも音は出るものである。ただ、輪っかをつないで作った紐では、結合箇所が少しだけコブ状になっており、太さが不均一だ。そのため、きれいに整ったなめらかな波である正弦波振動にはならない。正しい正弦波振動を得るためには、太さが均一で、しかも均質な紐を作らなければならない。それにはやはり、100cmほどの長さのクモの糸をたくさん集めるしか手はなかった。

2009年の夏より、コガネグモとオオジョロウグモから長い糸をとり出すという試みを始めていた。コガネグモは比較的たくさん糸を出すが、攻撃的で、すぐに糸を切ってしまう上、ときどき捕獲帯も紛れ込むので均質な糸が集まりにくい。一方、オオジョロウグモは、脚を伸ばすと約15cmにもなる大きなクモだが、上手に相手をすればおとなしく、太くて長い、均質な糸を出す。長く均質な糸を巻きとるためには、オオジョロウグモのほうが適していると思われた。

まずは、オオジョロウグモが多く生息する沖縄本島と宮古島をめざした。現地でクモを捕獲して、400mlサイズの大きい紙コップに1匹ずつ入れ、飛行機で輸送する。輸送中のストレスでかなり弱ってしまうため、自宅に着いたら、一部のクモは庭に放してやる。いったん巣を張ったクモは生き生きとしてきて、その個体からは糸をとりやすくなるのだが、巣を張る空間を確保するのが難しいのか、そもそも一部の個体しか巣を張ってくれない。さらに、庭に放すと鳥に食べられてしまう可能性もある。このように、糸とりはその前段階からして、そう簡単なものではない。

長い糸を巻きとるのにも課題があった。それまでの輪っか状の糸束は長さ15cm程度で、15cmずつ折り曲げるようにして巻きとっていたが、今度はそれをはるかに超える長さの糸を、折り曲げずに集めなければならない。

そこで、ホームセンターなどで探してみたが、そのまま使えそうな器具は見つからない。となると自作するしかない。あれこれ考えて、直径の大きいロールを巻きとり用に使ってみることを思いついた。これで、直径が30cm程度で円周が100cm程度の長さの糸束がとり出せるようになった。

さらに、この長さに糸を巻きとるには、クモが糸をすぐ切らないようにする必要もある。オオジョロウグモは性格的にはおとなしいのだが、すぐに弱ってしまうので、とにかくクモ

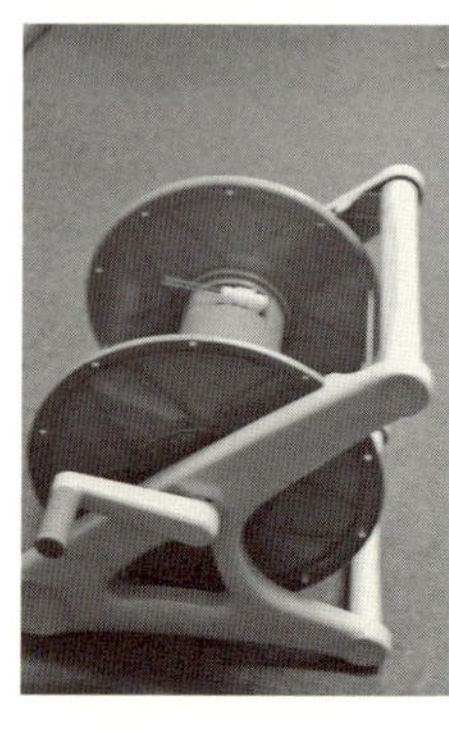
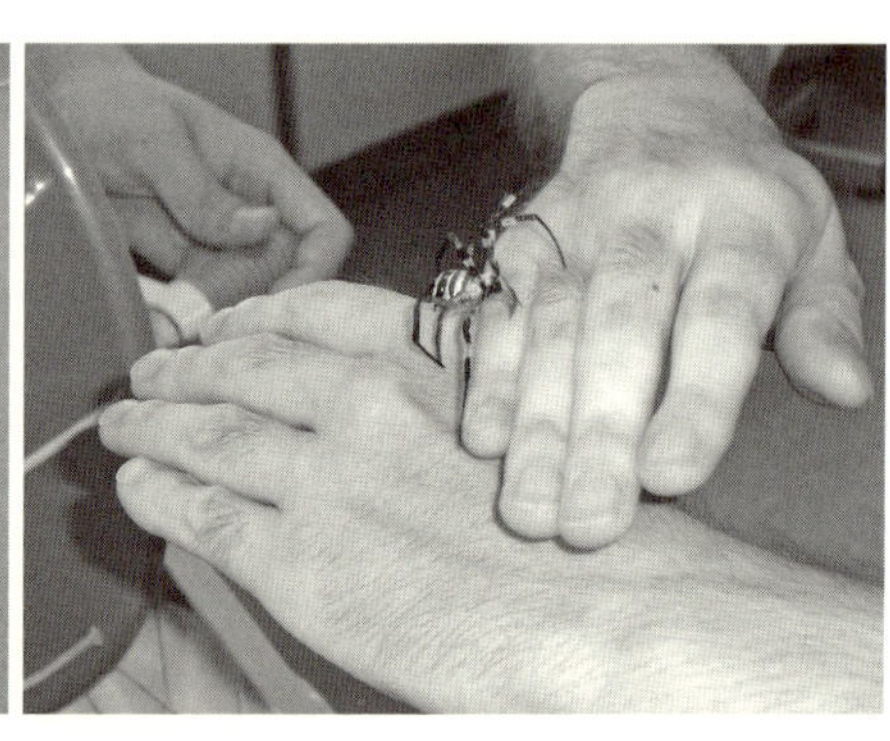

図 16　糸の巻きとり器(左)と，糸をとる際に学生の手の上に乗ったコガネグモ(右)

の機嫌がよい時に糸をとり出さないとだめなのである。ここでは、長年にわたって培ってきた、クモとのコミュニケーションのノウハウが生きた。

手伝ってくれた研究補助員や医学生たちは、夏の暑い中にもかかわらず、一生懸命糸とりに励んでくれた。当初は、彼らがクモをうまく扱えるのか心配だったが、少しばかり訓練していくと、1人がクモを手や肩に乗せ(図16)、もう1人が巻きとり器のハンドルをゆっくりと回しながら、上手に糸をとり出せるようになった。彼らは、糸とりをするにはクモの習性やクモの気持ちを考えることが重要であるということを、あっという間に体得してくれたのである。

弦づくりで悪戦苦闘

オオジョロウグモの長い糸はたくさん集められるよ

うになったことから、やっと、結び目のない弦が作れる可能性が出てきた。次の課題は、これらをどのようにして弦にするかだ。まずは、糸の集合体から紐にしなければならない。それも、細くて力学強度のある紐でなければ、「弦」と呼ぶに値しない。太さも均一にしなければならないし、また、引っ張ることで応力緩和が起こっていては、音程が狂ってしまって使い物にならない。

クモの糸束から作った長い紐をバイオリンにセットし、適切な音程にすべく引っ張っていると、簡単に切れてしまった。時間をかけて作った弦だっただけに、これはとても残念であった。同じような失敗を何度か繰り返し、ねじりの加減を調節しながら強度を上げる努力をして、やっと目標の振動数までこぎ着けた。

ところが、今度はチューニングをしても、数時間も経つと応力緩和が起こって音程が低下してしまった。うまくいかないものである。その後、最初は簡単に伸びた弦も、5日以上も経つとほとんど伸びは止まり、振動数が安定することがわかってきた。ガットの弦も数日程度のチューニングが必要なので、これとよく似ている。

とはいえ、いつも予備の紐がないような、綱渡りの状態であった。チューニングすべく引っ張ってみるたびに、いつ弦が切れるかと心臓も止まりそうになった。うまくチューニングできて、これで当分は安心、と思っていても、翌日には切れていることも多かった。何度も、こうした苦い経験を味わった。どこが終点になるのかわからないような、大きな迷路に迷い込んだ感じであった。

バイオリンのレッスンに通う

長い紐をバイオリンにセットすることができても、バイオリン用の弦とはどのようなものになればよいのか、終着点はわからないままであった。

プロのバイオリニストに弾いてもらって、弦の評価をしてもらうことも考えた。しかし、ある程度の完成品であれば評価してくれるかもしれないが、初期の試作レベルで何回も相談するわけにもいかない。弦がすぐに切れたり、弓との相性が悪かったりすると、すぐにダメとの烙印を押されかねない。もちろん、プロが現場にいつもいてくれるわけではないから、なぜ切れたのかの原因もつかみにくい。

そこで、自分で弾くことができれば問題点が理解できて、どのようにすればよい弦を作ることができるかの「こつ」をつかみとることもできるはずだと考えた。これは、私が以前に装置の開発をしていた経験にもよる。急がば回れである。私は２０１０年3月から、バイオリン教室のレッスンに通うことにした。

レッスンに行く前に、家でバイオリンを弾いてみた。もちろんこの時は、購入したバイオリンにセットしてあった従来のスチール弦を使うしかなかった。しかし、そもそも弦の押さえ方もわからず、キューキューと鳴るばかりで、まともな音など出ない。勤務先の大学のバイオリンクラブの新入生でも、半年がかりでなんとか弾けるようになるということなのだから無理もない。左手の指で弦を押さえ直しても、やはりまともな音など出ない。何日か経って学生に聞いてみると、どうも私の弓の動かし方や指の押さえ方に問題があるらしい。頭では問題点を理解できるものの、手も指もなかなか思うようには動いてはくれない。

チューニングの際の弦の張り方にしても、微妙な加減がなかなか難しい。慣れていない私などは、従来のスチール弦でも、強く張りすぎて切れてしまうことがあった。

そうして私は、バイオリンのレッスンに通うようになった。弓の松脂の塗り方や、バイオリンのケースへの収め方について学ぶところからのスタートであった。先生のバイオリンと比べて私の中国製のバイオリンの音質の差は歴然としていたため、私も練習用と実験用に、ドイツ製のバイオリンを2挺購入することにした。

*

レッスンの最初には、最も簡単な曲の一部を弾いて、左手で指を押さえる方法を学ぶ。ところが、私にはどうもうまくできない。記憶力や運動能力が衰えているから余計に難しいのかと思ったりする。少し音が出ると若い先生が「うまくできました」と褒めてくれるが、私などはこのように単純なことで褒めてもらってもうれしくない。どうも大人は素直にはなれないのだ。

教室で習ってきたところを家で復習する。先生の指導を思い出して弾くが、それでもなかなかうまく弾けない。そこで、別に買い求めた本を開けて、どの指で押さえるとどの音が出るのか、頭の中で理解したことを実際にやってみる。たとえば、バイオリンには音域の高いほうから低いほうへ、順にE線、A線、D線、G線という4本の弦があるが、それらのどの箇所を押さえればどの音程の音が出るのかが本には記されている。しかし、2本の指どうしをくっつけて押さえる箇所と、離して押さえる箇所があり、最初はこの違いを全然理解できない。振動の原理を調べてみて、くっつけて押さえた指どうしの音程差は半音で、離して押さえた指どうしの音程差は全音であることがやっと理解できるようになった。

本来は、理屈はわからなくても、うまく弾ければよい。しかし私などは、理屈はわかっても身体のほうがついていかない。それでも、何回も失敗を繰り返しているうちに、音を出す方法が少しずつわかってきた（もちろん、レッスンでは市販の弦を使うのである）。

　ギーギーとまともな音の出ないときは、弓を弦に対して垂直に引ききれておらず、ぶれていることにも気づいた。右手がまっすぐに動いていないのである。また最初のうちこそ、擦っているときに、弦というより弓の馬の毛が切れてしまわないか心配もしたが、少しくらいの力で弓を引いたところで、弓は簡単には切れないこともわかってきた。さらに、肩当ては購入時のままで使用していたのだが、どうもその人に適するように調整が必要なこともわかった。

　このように、レッスンを重ねるごとに、いろいろなことがわかってきた。しかし同時に、小指である弦を押さえるときの音程と、1つ上の音域の弦を開放弦（弦を指で押さえない状態）で弾くときとは同じ音程なのだが、どの場合にどちらを選択すればよいのだろうかなど、疑問も次々に湧いてきた。バイオリンといっても見るのと実際に弾くのは大違いで、気楽に始めたものの、誠に手ごわいものであると悟った。

　そうして6年が経った。住居も変えたことからバイオリン教室も変わったが、6年もレッスンに通っていると、弦の問題点がどこにあるのかを先生が説明してくれるときも、すぐに理解できるようになってきた。また、クモの糸を弦として用いたときには、チューニング中に弦が切れることも多かったが、そうしたトラブルから、クモの糸の弦の切れやすい部分もわかってきた。そしてさらに、使い勝手のよい弦にするにはどうすればよいのかも少しずつわかってきた。大まかにいうと、まず糸どうしの隙間の少ない、つまり密な弦にするとよく、また音程が下がらないよう、あらかじめ応力緩和を起こしておくこともポイントだ。

こうした努力のかいあって、切れにくい弦でまともな音を出す手がかりを、私は徐々に獲得していったのだった。

クモの糸の弦の作りかた

数々の試行錯誤をへてたどりついたクモの糸の弦(図17)の作成方法は、以下のようなものだ。

弦の中で2番目に高い音程を担当するA線の場合、まず、多数のオオジョロウグモから巻きとった約100cmの糸3000本の両端を粘着テープで留め、糸束の状態にして6ヶ月間保存しておく。すると、最初は100cm近くあったものが、両端の結び目も入れて80cm近くまで短くなる。この糸束を左巻きにねじると、73cmの紐ができる。同じ紐を3本作り、次にはこれら3本を一緒に右巻きにねじると、長さ65cmの太い紐ができる。この両端に結び目を

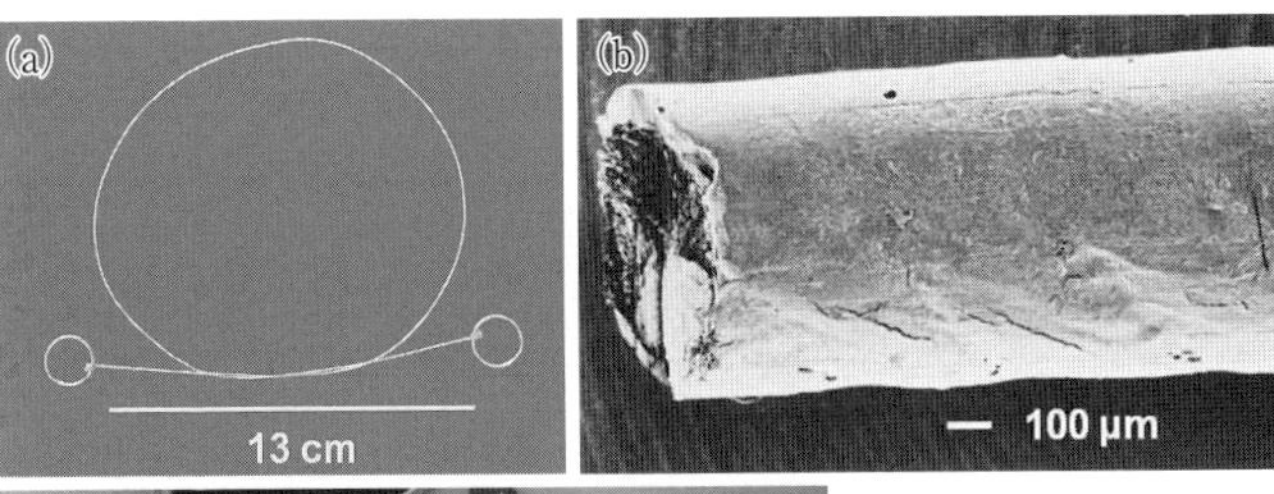

図17　クモの糸の弦。(a)外観(両端の小さな輪っかは，弦づくりに用いた金属製のリング)，(b)電子顕微鏡写真，(c)クモの糸の弦をセットしたバイオリン

作ると、紐は55cmにまで短くなる。最後に、表面を均一にするためにゼラチンの液に5分間つけて（ただしこの工程は、今はスキップすることもある）、とり出したのち一晩乾かす。最終的に、できた弦の太さは850μmとなった。

A線1本で使った糸は3000本×3＝9000本にのぼる。E線、D線とG線も、これと全く同様に作成し、詳細は省くが、E線1本で2000本×3＝6000本、D線では4000本×3＝1万2000本、G線では5000本×3＝1万5000本のクモの糸が使用された。

コラム　バイオリンの弦のいろいろ

バイオリンに使われている弦の素材としては、古くから使われてきたガットに加え、スチール、合成繊維のナイロンがある。いま日本で市販されているバイオリンの弦は、すべて外国産だ。

古くは室内音楽が主流であったため、音量が大きくなかったので、弦の素材はガットで問題はなかった。しかし、最近の大きなホールでは音量が重要なため、スチールやナイロン弦が多用されるようになってきている。ちなみに、弦のガットはテニスのラケットに使われるガットと同じだが、テニスでも最近は合成繊維が主流となっている。

演奏者にとっては弦の微細構造などどうでもよく、よい音が出さえすればいいかもしれないが、私は純粋に学問上の興味から、弦の微細構造はどうなっているのかを知りたくなった。最近では、ナイロンやガットを芯とし、その外側に細い金属線や金属シートが巻いてあるなど複合的な弦が多い。これを電子顕微鏡で観察してみると、非常に面白い構造が見えてきた。

最も高い音程を担当するE線を見てみると、まず金属弦とみられた1本（Art. No.

3104, Synoxa, PIRASTRO製）は、肉眼での印象通り、細いスチール線（太さ250μm）であった。しかし、やはり肉眼ではスチール弦と思われる別のE線（Art. No. 312421, Tonica, PIRASTRO製）を見ると、こちらは2種類の金属の複合体であった。230μmのスチールの芯のまわりに厚さ25μmのアルミニウム板が巻かれ、最終的な太さは約300μmとなっていたのである（図18）。

次に高い音を出すA線（Art. No. 412221, Tonica, PIRASTRO製）は、肉眼の印象からスチールと思い込んでいたが、これも違っていた。細いナイロン繊維の集合体を芯にし、

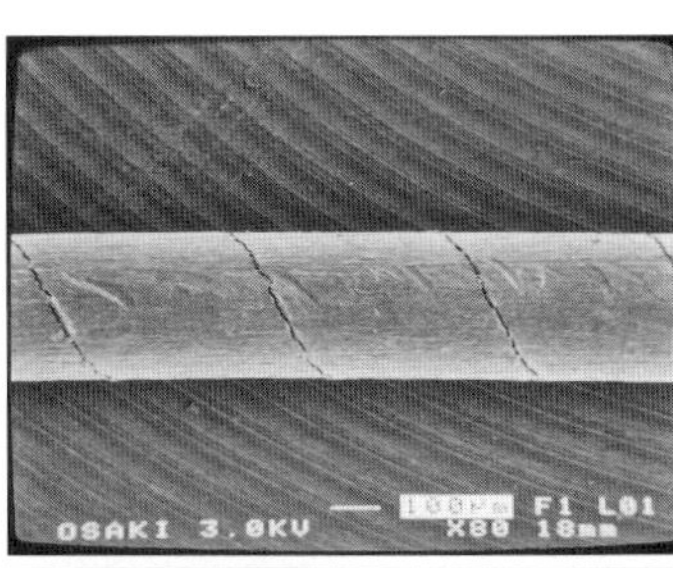

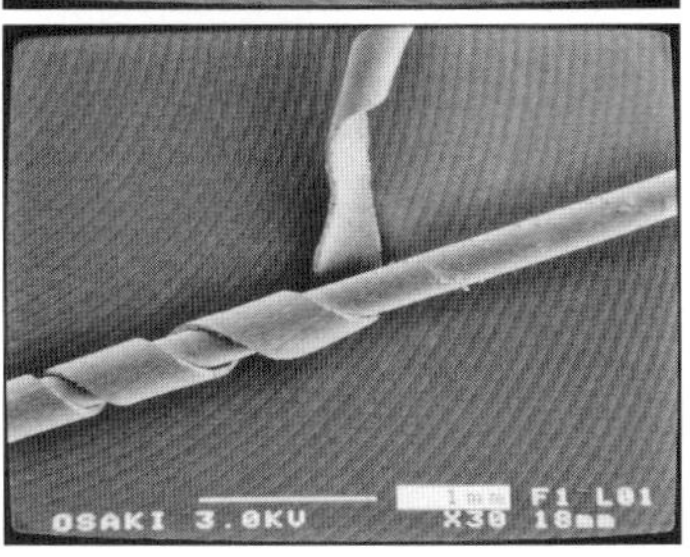

図18　金属弦のE線（Art. No. 312421, Tonica, PIRASTRO製）の電子顕微鏡写真。上：外観，下：内部の構造。スチールの芯のまわりにアルミニウム板が巻いてある

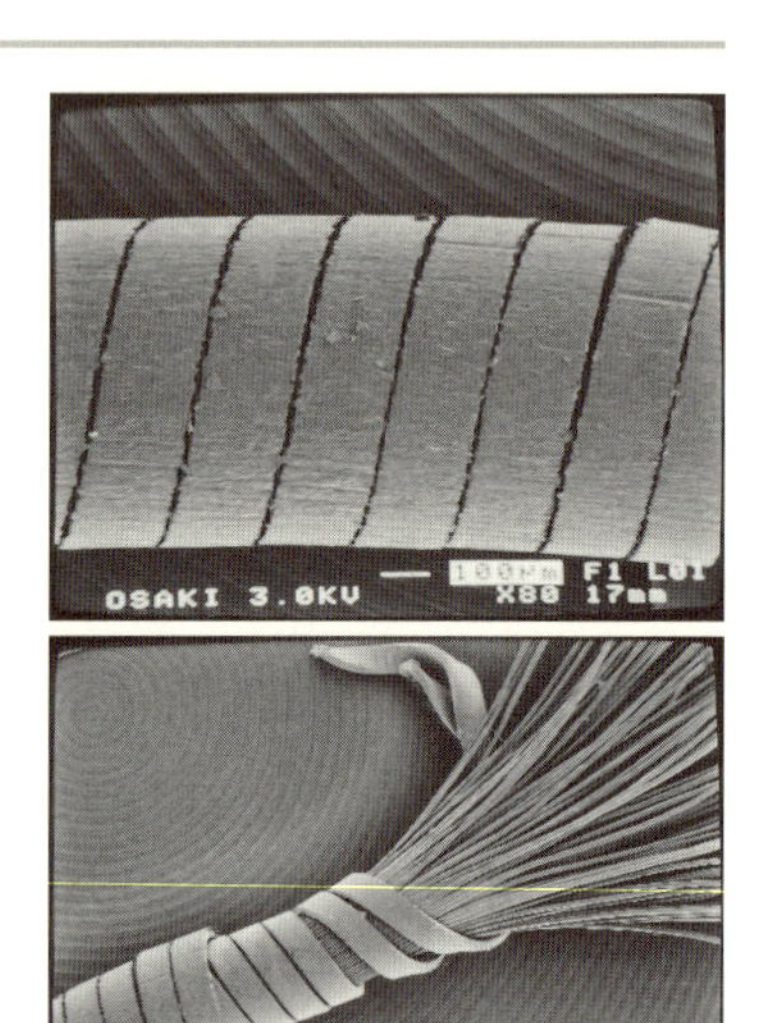

図 19　ナイロン弦のA線(Art. No. 412221, Tonica, PIRASTRO 製)の電子顕微鏡写真。上：外観，下：内部の構造。細いナイロン繊維束のまわりに，アルミニウム板が二重巻きにしてある

そのまわりをアルミニウムで二重巻きにした弦であったのだ。厚さ38μmのアルミニウム板が隙間なく巻かれ、その後、板の重なりによる凸凹をなくすために磨いたときにできたと思える筋が、弦の長さ方向に観察された。アルミニウム板の内側にはさらに、同じ幅のアルミニウム板が逆向きに巻かれていた。そしてその内側にある直径370μmの芯部には、直径28μmの細いナイロン繊維がたくさん束になって詰まっていた。つまり、芯部では細いナイロン繊維がたくさん並んでおり、そのまわりにアルミ板が二重に巻かれているという複合的な構造になっているのだ(図19)。

ガットでできたA線（Art. No. 112241, Chorda, PIRASTRO製）は、太さが750μmで、表面が非常に滑らかな円柱になっていた（図20）。その表面にはわずかのひび割れが見えるが、全体として少し右回りにねじってあることがわかる。弦を切断してみたところ、太さ130μm程度の、不均一ではあるが太い繊維が束になっていた。もちろん、この繊維も非常に細いコラーゲンの繊維束の集合体からなっていると思われる。同じくガット弦のE線（Art. No. 112141, Chorda, PIRASTRO製）とD線（Art. No. 112341, Chorda, PIRASTRO製）は太さがそれぞれ555μmと930μmであり、これも非常に滑らかな表面で、ゆるく右巻きになっていた。

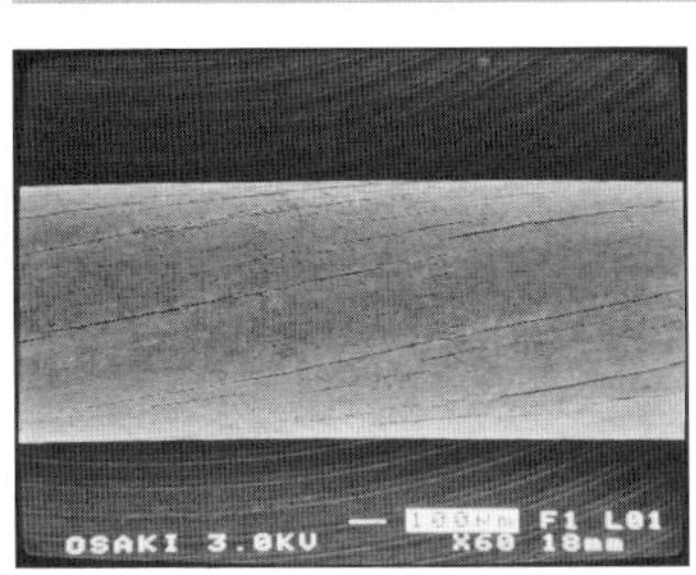

図20　ガット弦のA線（Art. No. 112241, Chorda, PIRASTRO製）の電子顕微鏡写真

一方、ガット弦といっても、芯がガットでそのまわりを金属で巻いているタイプのものもある。たとえば、金属巻きのガット弦のG線（Art. No. 212441, Chorda, PIRASTRO製）では、ガットを芯として、その表面が厚さ20μmの合成繊維で織られたシートでカバーされており、さらにその上には太さ126μmの銀線が隙間なく巻かれていた（図21）。ガット芯の表面には編み目の痕が残っていることか

ら、かなりきつく巻かれたのだろう。

　このように、バイオリンの弦を眺めてみると、さまざまな構造をとるものがあることがわかってくる。楽器本体と比べて日陰者の、目立たない消耗品と見られがちだが、長い間の技術の進歩の跡が読みとれるのである。

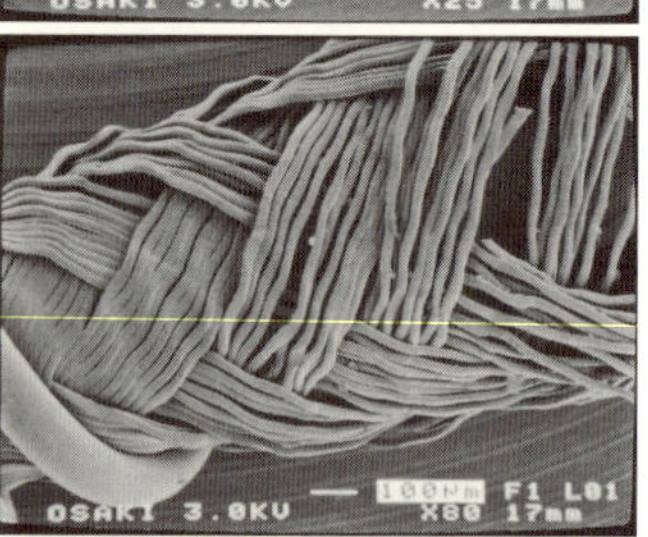

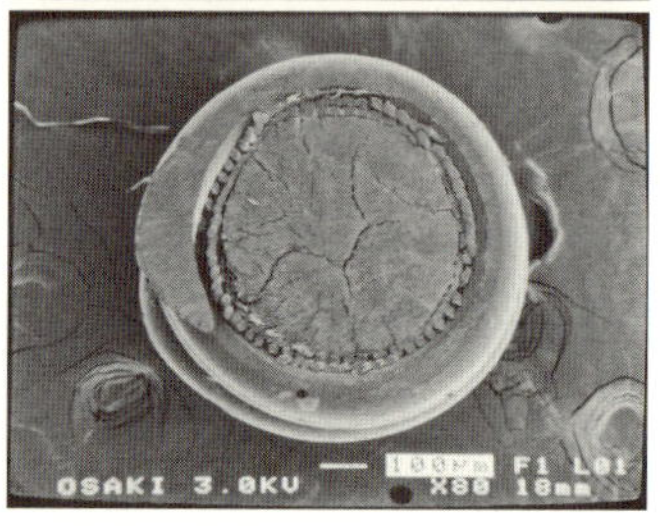

図 21　金属巻きのガット弦のG線（Art.　No. 212441,　Chorda, PIRASTRO 製）の電子顕微鏡写真。上：内部の構造。芯のガットのまわりに繊維シート，そのさらに上に銀線が巻かれている。中：繊維の拡大図，下：断面

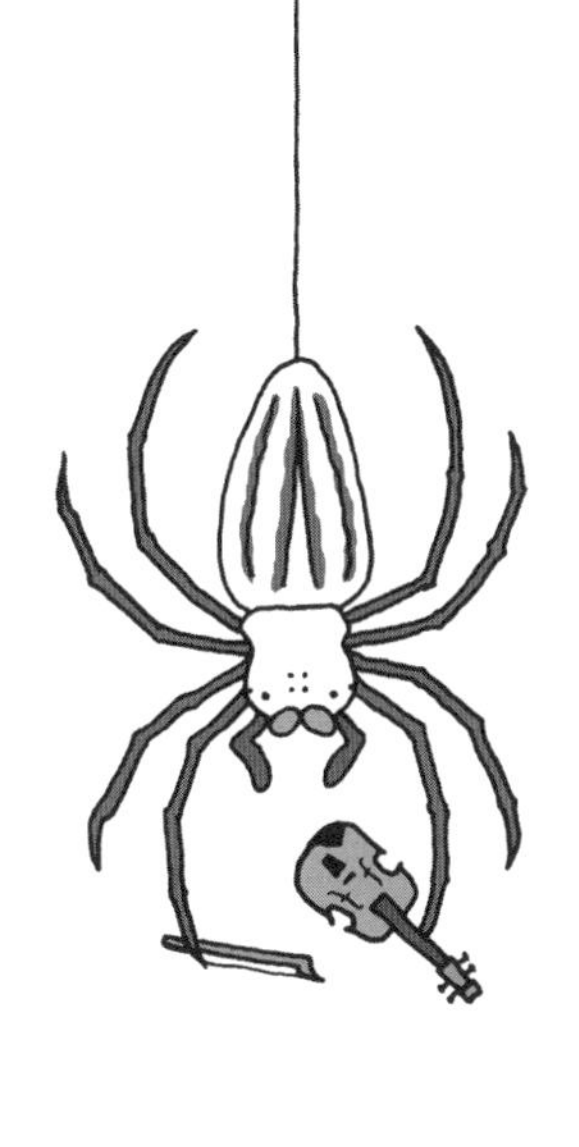

4 魔法の糸の音色の秘密

「よい音」とはなにか

さて、クモの糸の弦ができてくると、やはり、音色を客観的に評価したい。たとえクモの糸の弦がバイオリンの弦として珍しくても、しょせん、特徴がなければ意味がない。

バイオリンの音色は、演奏者の腕によるところが大である。どんな名器を使っても、初心者とプロとの差は一目瞭然だ。しかし、よい音色はやはり、バイオリン本体に大いに依存するのも事実である。私自身、最初は安価なバイオリンで弾き、音が出たレベルで喜んでいたが、その後、もう少し高価なバイオリンで弾くと、明らかによい音が出ることは私のような素人にも理解できた。

さらに、音色は弓や弦にも依存する。弓の毛は消耗品で、使いふるすとキーキーいって、よい音が出にくくなる。逆に新品の弓の毛なら、松脂を塗らないとまともな音が出ない。また、やはり消耗品である弦も、使っていると摩耗するなどいろいろな問題が起こり、よい音は出にくくなる。

「よい音」というのは、バイオリン本体と弓、弓の毛、弦、演奏者のすべてが関わってもたらされるものなのだ。もちろん、それぞれの良さだけでなく、全体のマッチングの良さもポイントである。

しかし、それはそれとして、「よい音」を科学的に評価するには、どうしたらよいだろうか。

実はこれには、すでに方法がある。「倍音」の量を調べればよいのである。

倍音とは、弦など振動体の発する音のうち、基本振動数(振動体の固有振動のうち、振動数が最小のもの)の整数倍の振動数を持つ高周波成分のことだ。倍音が多ければ豊かな音と言われ、深みのある音として感じられるらしい。

音声の専門家や音楽家は、耳で倍音の存在を認識できるという。しかしもちろん、いまの私の能力では、耳で倍音を確認するのは無理だ。であれば、音の周波数解析をして、従来の弦よりも倍音が多いのかどうか、また、倍音の強度がどうかを調べるより他に方法はない。

当然、クモの糸の弦でどれほどの倍音が出るかなど、誰一人として知る由もなかった。

バイオリンでの音色解析

そこで2010年の1月、私はついにそれを実行に移すことにした。録音用のICレコーダーとバイオリンを持って、自宅近くの楽器店を訪れたのである。といってもこの時はまだ、長い弦ではなく、いくつかの輪っかをつなぎ合わせた「紐」の状態であった。他人から見れば、まともな音も出ないのに周波数解析とはお笑いぐさであったろうが、それでも私は真剣だった。

店長に相談して、防音スタジオを使わせてもらえることになった。バイオリンの4本の弦のうちのD線を、スチール、ガット、クモの糸の弦と順次とり替えて、弾いた音を録音する。周波数は294Hz(ヘルツ、周波数の単位)にチューニングし、開放弦にして弓で弾くことにした。何回か試行錯誤を繰り返し、本番ではICレコーダーに数回ずつ録音した。

そうしてすぐに家に戻って、ICレコーダーの音声データをパソコンに取り込み、ソフトを使ってフーリエ変換(時間軸にそった音声信号を、周波数ごとの音の強度に変換する方法)してから、パワースペクトル(周波数を横軸に、音の強度を縦軸にとったグラフ)を表示するつもりでいた。しかし、MP3形式からWAV形式へのデータの変換がうまくいかない。幾度も試みた結果、どうやらICレコーダーのほうのソフトに原因がありそうだとわかり、別のICレコーダーを購入して、やっと変換がうまくいくようになった。苦闘の結果、どうにか音をフーリエ変換して、パワースペクトルのシグナルを得ることができるようになった。

2010年の夏ごろには、100cmもの長い糸束から、つなぎ目のコブもなく切れにくい弦ができるようになった（第3章参照）。そこで、そのD線と、スチール弦・ガット弦のD線とで同様に録音を行い、得られたパワースペクトルが図22である。まず、スチール弦のパワースペクトルのシグナルは、チューニングした293Hzでシャープに出て、他の倍音は多いが、いずれも音の強度（大きさ）は非常に小さかった（図22a）。また、ガット弦では第2倍音の強度は大きいが、それ以外の倍音の強度は非常に小さい（図22b）。ところが、クモの糸の弦では、強度の大きい倍音が多くみられたのである。特に、第8、9倍音の強度が大きく、

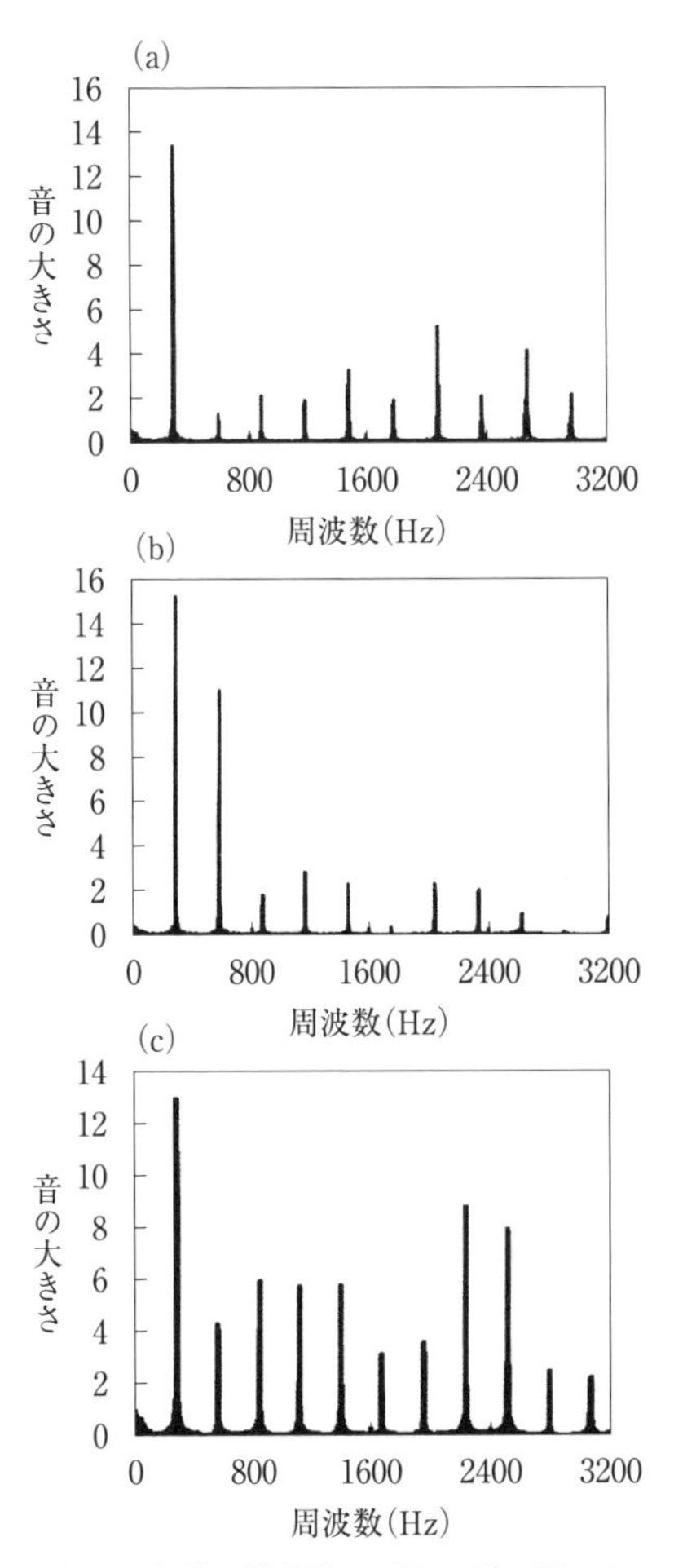

図22　各種の開放弦（D線）を弓で弾いたときのパワースペクトル。(a)スチール弦，(b)ガット弦，(c)クモの糸の弦。S. Osaki: Phys. Rev. Lett., **108**, 154301(2012)より

第3、4、5倍音も比較的大きいのが特徴であった(図22c)。

すなわち、クモの糸の弦がもたらす音色は、今までの弦にはないような豊かな音色であることが示唆されたのである。ここでやっと、クモの糸の弦の特徴を客観的に認識できるようになった。

ストラディバリウスを超える?

試行錯誤を重ね、数ヶ月以上弾いても切れない弦がやっとできてきた2011年8月のある日曜日、プロのバイオリニストである松田淳一先生を、私の勤務先の大学へお招きした。いよいよ、クモの糸の弦をセットしたバイオリンを弾いていただくためであった。いくら周波数解析によって普通の弦との音色の違いを示しても、やはりプロの耳による評価が必要と考えたのである。科学的な研究であっても、人間の五感に関することは、(少なくとも現在はまだ)生身の人間の評価に依存するところが多いのも事実なのだ。

松田先生のバイオリン(Alessandro Gagliano)(ストラディバリウスの弟子の制作)と私の安価なバイオリンに、それぞれクモの糸の弦と従来の金属弦、ガット弦をセットして弾いてもらった。プロのピアニストである先生の奥様にも評価してもらうことにした。

松田先生は何度も弾き比べられ、奥様と音の評価を確かめあっておられた。どのような評価なのだろうか、私は気が気でなかった。ただ、もしダメだったとしても、私の気持ちはすっきりするだろう。いつまでも自己満足でいつづけるのも大変だ。

そしてついに、結果の発表である。

松田先生の口から、意外な言葉が飛び出してきた。「弾いていると、多くの倍音が非常に鮮明に聴こえますよ！」。続けて、「今までの〝素晴らしい〟といわれる弦でしたら、倍音の差を理解するのは少し難しい場合が多いのですが、この弦では高音部の倍音がすぐにわかりますよ」という。「わかるでしょう？」と、先生は私にも同意を求められた――当時の私は、同意を求められるレベルになかったのだが。ともあれ、この松田先生と奥様の評価で、私の心配は吹き飛んだのである。

松田先生はさらに、「演奏会でだまって、クモの糸の弦をセットした先生の（つまり、私の安価な）バイオリンで弾いて、次に本物のストラディバリウスで弾いたとすれば、ストラディバリウスと間違うでしょう」とまでおっしゃった。そして奥様からも、「クモの糸は音色が違うだけではなく、今までできなかったような表現ができるのだから、音楽そのものを変えることができるでしょう」と、天にも昇るような言葉をいただいたのである。

弦のユニークな構造

クモの糸の弦の音色を周波数解析した結果は、まず２０１０年に国内学会と国際学会で発表した。しかし、いくら国内外の学会で発表しても、国際的な科学雑誌に掲載されなければ、きちんとした研究成果としては認めてもらえない。英語による論文作成を、急がねばならなかった。

もちろん、論文として発表するにあたっては、少なくともクモの糸の弦と従来の弦との間で、音のパワースペクトルの差異をデータとしてはっきりと示さねばならない。そこで、学会で発表した後でも、新しく作った弦で実験をやり直し、再現性をさらに試すことにした。

そのうえで、私はあらためて、弦楽器の振動理論、弦の素材や音色に関する世界的な研究の動向を詳しく調べてみた。その結果、弦の素材や音色を科学的に扱った論文はほとんどないことがわかった。もちろん、クモの糸の弦によるバイオリンの音色の研究など、どこにも存在しない。

本格的な英文作成に取り掛かったのは、２０１１年の6月末からであった。クモの糸の弦の力学データと、弦をセットしたバイオリンの音色の周波数解析結果に加えて、音色に柔らかみと深みがあるという点に重点を置いてまとめることにした。

ところが、英文を作成しようという段階になって、弦の電子顕微鏡写真から、それまで詳細にチェックしていなかった弦の断面での繊維(糸)の形状を真剣に見直し始めた。そのとき、弦の断面に、先入観を覆すユニークな最密充填構造が表れているのに初めて気づいたのである。

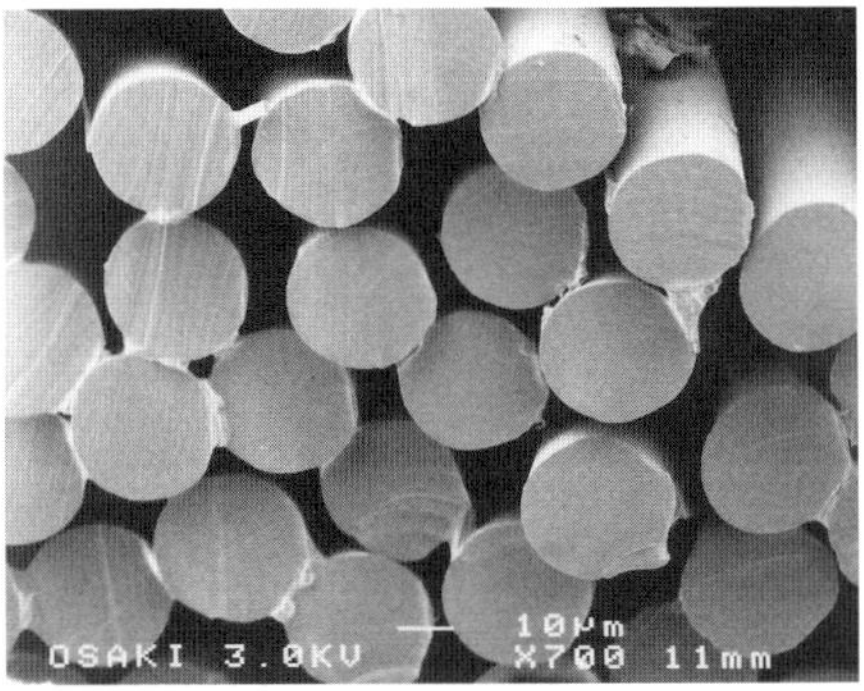

図 23　ナイロン弦の断面の電子顕微鏡写真

私は以前から、円柱状の繊維の集合体では、室温でいくらねじっても、繊維の断面はほとんど円形のままで、繊維間に隙間は必ず存在すると思い込んでいた。実際、ナイロン弦の断面をみると、繊維間の隙間は優に30％以上はある(図23)。もし仮に繊維が変形しても、線形範囲内、すなわち加えた力を除けば元に戻る程度のわずかの変形であり、繊維の間に隙間は存在して当然であるという先入観を持っていたのだ。

しかし、クモの糸の弦の断面は違っていた。1本1本の糸の断面が円形ではなく、多角形へと大幅に(加

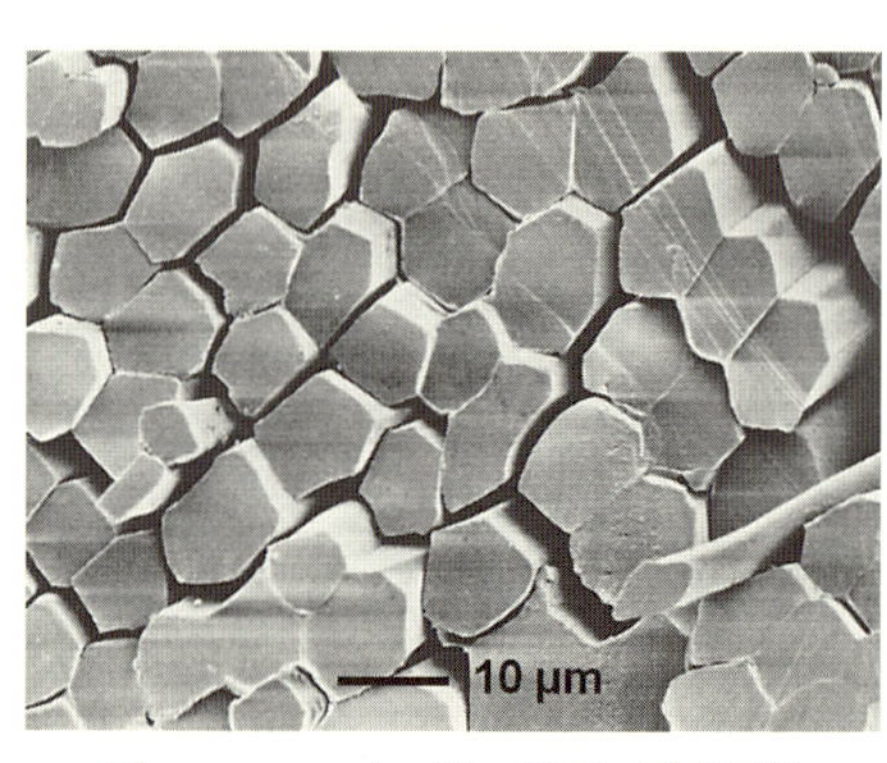

図 24 クモの糸の弦の断面の電子顕微鏡写真

えた力を除いても元に戻らない非線形の範囲内で）変形していたのである（図24）。すなわち、クモの糸は、束にしてねじられることで圧力がかかり、円柱から角柱に変形し、糸と糸の間の隙間がなくなるのだ。

通常の繊維集合体であれば、繊維間には隙間があり、引っ張ると細くて弱い繊維から順次切れていき、全体として支えきれなくなって、切れやすくなる。ところが、このクモの糸の弦のように隙間がなくなると、繊維（糸）が相互に面で接触することになり、繊維間の摩擦が大幅にアップする。その結果、隙間の多い通常の繊維集合体と比べて弾性率（変形しにくさ）が大幅に上昇し、また、一部の細い繊維が切れても、残りの繊維で協同して支えることができるため、弦そのものは切れにくくなっていたのだ。

世界中の文献を探してみても、非線形の大幅変形理論も、太さの異なる繊維の集合体で隙間がなくなることに関する理論も見当たらなかった。クモの糸でできた弦が多くの倍音を出したことも驚きだったが、それればかりでなく、繊維の集合体として極めて特殊な構造をしていたことに、私はとても驚いたのである。このユニークな構造に関する結果も、音色とは関係なく、1つの論文として発表してみようと思った。

どこに投稿するか？

しかし最大の悩みは、バイオリンの弦の研究論文として投稿するのにふさわしい科学雑誌が見当たらないことであった。クモの糸の弦の研究は、分野としては材料科学でもあり、また音楽でもある。もともと、学際領域と言われる分野での研究成果の論文の投稿は非常に難しい。素材分野に投稿すれば、「これは音楽ではないか！」といってリジェクトされるであろう。一方、音楽分野に投稿すれば、「自然科学的な研究は審査できない」として、受けつけてくれないかもしれない。

過去の研究を調べてみると、弦に関する音響学的な研究はそれなりにあった。音の振動理論は、物理学的に取り扱うことができる。そのためか、ノーベル物理学賞受賞者のチャンドラセカール・ラマン博士が音響学についての論文を発表しているように、古くから、物理学者には音楽に興味を持つ人が多かったようだ。

それに対し、弦の素材に関する科学的な研究成果を掲載した雑誌はほとんど見当たらない。あっても非常にローカルなものであった。弦に関しては従来の市販の弦が定着しており、今さら、その素材を自然科学的に検討する論文などは考えられない状況のようだった。すなわち現代では、確立された楽器を用いて、いかに演奏技術をアップするかにウェイトが置かれているようなのだ。

とにかく、材料と音楽という、かけ離れた分野の研究を理解できるレフリー(審査員)がいる雑誌を探さなければならない。

以前に、私はクモの糸の「「2」の安全則」と社会科学的現象とを関係づけて論文にし、それが「ネイチャー」誌に掲載されたことがある。専門が広範囲にわたるような学際領域の内容なら、ネイチャー誌がよいかもしれない。

そこで、音色に関する記述に重点を置き、弦のユニークな構造については触れないという構成で、まずはネイチャー誌に投稿してみた。先方も結構悩んだようで、返事はかなり遅かったが、結果はダメ(リジェクト)であった。「多くの読者に受け入れられて面白いと思うが、科学的な面が不足している」とのこと。いくらお世辞を言われても、ダメはダメである。この結果を参考に、力学特性の定量的評価と弦のユニークな構造についての科学的な裏付けの記述を分厚くし、音色に関する記述とセットにして、他の雑誌に投稿し直すことにした。

２０１２年3月末に、私は大学を退職する予定だった。それまでの6ヶ月ほどの間に、投稿から掲載まで漕ぎ着けたい。要するに、私には残された時間がなかった。

ＰＲＬ誌に出そう

そんなある時、同じ大学の物理学教室の平井國友教授に、「音楽関係の論文を投稿できる雑誌を知りませんか？」と尋ねてみた。物理学の分野では、音楽に関心を持つ研究者が多いだろうと思ってのことである。すると平井教授は、「フィジカル・レビュー・レターズ(Physical Review Letters, 以下ＰＲＬ誌)がふさわしいと思います」とおっしゃった。米国物理学会の学会誌だ。

それまでにも、米国の物理学会が発行する基礎と応用を含む分野の雑誌に、私の論文が何報か掲載されたことはある。しかしＰＲＬ誌の扱うテーマは、自分の研究課題とはずいぶんかけ離れていると思っていた。

平井教授に「どんなレベルの雑誌？」と聞くと、「世界の物理学分野の雑誌の中で、掲載されるのが一番難しいんですよ」とのこと。ただ、「素材、音楽、音響など、幅広い分野の専門家のレフリーがいますよ」という話であった。そこで、「溺れる者はわらをもつかむ」という心境であった私は、向こう見ずにも、PRL誌に投稿してみようと思ったのである。なにしろ音楽分野である。PRL誌がダメだったら、論文を未投稿のまま葬り去るより他ないかもしれない。まさに、私はがっけぷちに立たされることになった。とにかく、私に残された時間は6ヶ月しかないのだ。

ある程度まとめていた原稿に、バイオリニストの評価やクモの糸の断面の最密充填構造を詳しく加筆して、PRL誌スタイルに変えた原稿をしたため始めた。私が過去に出したクモの糸やコラーゲンに関する研究論文も引用し、それらの論文が今の成果につながっていることにも触れた。音楽を、弦の素材の面から料理するという観点に徹したのである。何度も見直したのち、2011年11月18日に投稿を完了した。

昨今はインターネット上で投稿するため、投稿するのも早ければ、掲載がダメなときの返事も早い。ところが、投稿して1ヶ月経っても、一向に返事が来ない。クリスマスを挟むから、レフリーが休暇をとっているのだろうか。あるいは、論文の内容を盗まれるのではないか……。

というのも、論文を審査する側の専門分野は、投稿論文の研究内容に近い。そのため、論文内容を評価しやすい反面、審査結果を遅らせて、素早く追試して同じような内容の論文を先に発表してしまう可能性もあるのだ。この種の危惧に関しては、私は過去に二度ほど苦い経験をしている。

返事が遅い。非常に遅い。しかしあまり催促して、編集長の気分を害するのもよろしくない。どうしようかと迷っているうちに、時間だけが過ぎていった。辛抱しきれないので、催促のメールの下書きだけは準備しておく。大晦日になっても、返事は来なかった。投稿から40日を超えた。

年明けの1月2日になり、私はとうとう辛抱しきれずに、PRL誌に催促することにした。「私の論文の状況を知らせてくれませんか?」という、すでに用意しておいた内容である。するとその翌々日、編集長から、「原稿は現在、論評(レビュー)している。1人のレフリーからの返事は来ている。しかし、もう1人のレフリーとは連絡をとっていて、まもなくレポートが来ると期待される」という返事があった。こうした場合によくあるケースとして、遅れているほうのレフリーは、かなり厳しくクレームをつけてきて、ひょっとするとダメ(リジェクト)という返事になるかもしれない。

それから2週間ほど後に、レフリーのコメントを記載したメールが送られてきた。やはり、返事が遅かったほうのレフリーのコメントは非常に厳しいものであった。

編集長から送られてきた2人のレフリーによるコメントの内容は、次のようなものであった。

レフリーとの激しいやりとり

(a)好意的なレフリーへの対応

1人のレフリーは、「論文は新しい弦について詳しく解析している。しかも、新しい弦の作り方を詳細に記載している」、「弦を作るためにクモの糸を集め、クモの糸の弦が機能的な弦として実際に使用できることがわかったということで、非常にすばらしい」、「アイデアや実験はすばらしいし、解析は完璧で深いものがある」。そして「掲載はOKである。できたら補足データとして、従来の弦と比較した音色をオーディオファイルとして追加してほしい」との内容であった。

かなり称賛してくれたことに、私は喜んだ。しかし、最後の想定外の依頼には困ってしまった。かつての紙の印刷物の科学雑誌なら、オーディオファイルを入れることなど不可能であったが、最近の電子ジャーナルでは、音声入力が可能なのである。音声を添付した論文は、読者が音色を直接聴いて正当に評価することができるため、ありがたい反面、ごまかしが効かなくなる懸念もあった。

そしてもっと大きな問題は、バイオリンの演奏技術に自信がなく、「荒城の月」など簡単な日本の曲しか弾けない私が、オーディオファイルを短時間でどうやって作るかであった。悩んでいても、時間が経つだけである。タイミングを逃せば、掲載の可能性もなくなってしまう。早く応えねばならない。

そこで、以前から相談に乗ってもらっている大阪音楽大学の松田先生に、勇気をもって電話を入れることにした――「弾いていただけないでしょうか？」。すると先生は、快く引き受けてくださったのだ！

その1週間後、私はクモの糸の弦を携えて、大阪音楽大学にでかけた。すると、先生はすでに演奏と録音の準備をしてくださっていた。クモの糸の弦のみならず、従来のガット、スチール、ナイロン弦でも弾いてくださることになった。

そしてそのとき、私は驚くべきことを耳にしたのである。松田先生が「ストラディバリウス（Dancing Master's Violin 1720 "Gillott"）で弾きましょう」と話をされたのだ。まさか、ストラディバリウスでの演奏の音声をサプリメントとして電子ジャーナルの論文に加えることができるなんて、想像すらしていなかった。先生はさらに、弓として「フランソワ・トゥルテ(バイオリンの弓製作の巨匠。18~19世紀にかけて活躍)を使います」ともおっしゃった。

松田先生がストラディバリウスで演奏してくださったのは、チャイコフスキーの「バイオリン協奏曲 ニ長調」の第2楽章の一部であった。世界的に知られており、とくに欧米人に馴染みがある曲を考えてくださったのだ。この時ほど松田先生に感謝したことはない。

大学に戻って、さっそく、曲の最初の短い部分を各種の弦で演奏した音声ファイルを編集部に送ることにした。とはいえ、この演奏が世界中を興奮させることになるなんて、そのときはまだ想像もしていなかった。

(b)厳しいレフリーへの対応

しかし喫緊の課題は、もう1人の厳しいレフリーへの対応であった。コメントを何回も読み直すと、私がこのレフリーへの返事をいかにするかが、この論文の採否のすべてを決するように思えた。

コメントの内容は、レフリーの専門分野の土俵に乗せた厳しいものであった。それらは「テーマや定性的な内容の多くは非常に面白い」と言いつつ、「しかし、提出されたメカニックスは単純であり、著者は織物力学と繊維束理論の文献を無視しているように思える」として、いろいろな文献を提示してきた。また、私の結果に対してねじったときの力を推定し、測定値の単位の問題を指摘し、さらに、ねじりの統計的な解釈もいろいろ指摘してきた。コメントは3ページにもわたった。そして最後に、「織物力学の文献を引用して書き直すようにしてほしい」と言うのだった。

どうもレフリーは、織物分野のねじりの理論家のようだ。繊維の断面が円から多角形に変化した結果、繊維間の隙間がなくなるというのは、世界的に全くみられなかった新しい発見であった。レフリーはその結果の珍しさに驚きつつも、自分の専門分野の土俵に引き込んで、「理論的にはどうなんだ?」と難癖をつけているように感じられた。レフリーの提示した文献におけるねじり理論は、しょせん線形領域での話に過ぎない。一方、私の見つけた変形は、非線形領域の変形だ。レフリーの示した論文を引用したからといって、解決できる代物でもないのである。結局のところ、遠回しではあるが、レフリーは単に、自らが提示した文献を引用することを推奨しているようであった。

そこで、私は作戦を考えた。まず、コメントには1つずつ丁寧に答えていく。ただ、レフリーの理論的な問題に正面切って答えていると、レフリーの土俵に上がってしまい、私が袋小路に入ってしまうであろう。そこで、1つひとつのコメントには丁寧に答えつつも、私の論文の主旨をはっきりと主張して、レフリーの土俵に上がらないようにしたのである。厳しく反論しながらも、どうでもよいところはレフリーの意見に従う方法を取り、コメントに対する返事としてはレフリーの数倍以上の長い文章を書いた。

＊

2人のレフリーのコメントに対する返事、一部を修正した論文原稿、それに音声ファイルを、編集長に送付した。送付後には、編集長の側で、論文を受理するかどうか、レフリーの判断も考慮して最終決断を下す。そのため、あとは編集長の返事を待つばかりであった。

返事はすぐには来なかった。私が過去に論文を投稿した他の雑誌なら、こうしたときには比較的早く白黒がついていた。どうしたのだろうか、やはりあの厳しいレフリーがごねているのだろうか……と、私は気が気ではなかった。

やっと論文が受理

編集長から返事のメールが届いたのは、2月も末、レフリーのコメントに対する返答ファイルを送ってから10日後のことであった。恐る恐るメールを開けてみると、メールの文章の書きだしには、「We are pleased...」とある。これを見ただけで、私はよい返事が来たことを察した。返事には続けて、「ＰＲＬ誌への掲載を受理したことを伝えたい。また、貴方に対するレフリーのコメントも添付します」とあった。

厳しかったほうのレフリーは、やはり私に一言伝えたかったようだ。「著者は最初にレフリーが期待していたほどの返事をしなかったが、レフリーのコメントにかなり一生懸命に応えてくれた。ただ、修正を加えた箇所は、私のメッセージ通りにはなっていないように思える」とある。しかし、それに続けてこうあった――「もう1人のレフリーが提案したオーディオファイルは、高性能のヘッドホンで聴くと非常にすばらしいので、私は改訂(revise)が適切であるものとして喜んで受け入れたい。そのまま出版を推薦したい」。

思うに、私の反論の仕方を苦々しく思った大御所のレフリーは、そのプライドから、論文を掲載してもよいとは素直に言えなかったのではないか。そのために、「オーディオファイルで曲を聴いて非常にすばらしい」と、他のところに納得の理由を探して、ＯＫの返事を出してくれたように思われた。

さて掲載が決まれば、あとは、論文が掲載されるまでにどのくらい時間がかかるかであった。大学で購読しているＰＲＬ誌をみてみると、論文は3月末か4月初旬には掲載されるはずであることが予想できた。

コラム　名器ストラディバリウス

本書でたびたび登場する名器、ストラディバリウスの歴史をたどってみよう。

今日のバイオリンの標準形が生まれたのは、ルネッサンスの影響をいやが応でも受けざるを得なかった16世紀初頭の北イタリアのブレシアやクレモナであった。バイオリンを創り出した人物の1人であるヴィオラ製作者ガスパロ・ダ・サロ（1542〜1609）がブレシアに、またもう1人のアンドレア・アマーティ（1505〜1577）はブレシアから80kmほど離れたクレモナにいた。クレモナは水運によって楽器の材料が手に入りやすい土地柄でもあった。

アマーティのバイオリンは音質が柔和であったため、今日の大ホールの協奏曲の演奏には不向きであった。その孫のニコロ・アマーティ（1596〜1684）は、アントニオ・ストラディバリ（1644〜1737）とアンドレア・グァルネリ（1623〜1698）という門下生を巨匠にまで育てている。そして前者が、有名なストラディバリウスを生み出した、あのストラディバリである。

バイオリンの誕生からおよそ100年後にイタリア北部で生まれたストラディバリは、

多くのバイオリンの名器を作り出した名人であった。彼は自らの作品に、ラテン語で自分の名前を書き記している。それまで標準とされてきたバイオリンのサイズを3㎜大きくして355㎜とし、幅も広くして、現代の大ホールでのコンサートにも十分通用する大音響を得られるサイズの作品を作り上げた。

なお、当時のもう1人の名人に、ジュゼッペ・グァルネリ(通称グァルネリ・デル・ジェス)(1698〜1744)がいる。彼の楽器はストラディバリウスとは対照的な音色を出すと言われ、現存する数々の優れたオールドスターの中でも最上位にランクされている。

ストラディバリウスは、いったんは忘れられた存在だったが、大きな会場での演奏が求められるようになった19世紀以降、特に20世紀には、それにふさわしい楽器として特別な存在になった。最近では、国際的なオークションでストラディバリウスが4億円前後で落札されたという話もあるぐらい、高価なブランド品になっている。日本でも、バイオリニストの辻久子さんが自宅を売り払って購入した話や、やはりバイオリニストの千住真理子さんが家族ぐるみで購入に奔走した話など、この名器は逸話には事欠かない。

ストラディバリウスをはじめとした歴史あるバイオリンの本体は、消耗品である弦とは違って、そのものが今に息づいているということに大きな価値がある。ともすると300年以上も前の楽器そのものが現在に残って、今も当時と変わらない音色を響かせるという

のは素晴らしいことだ。そして、クモの糸の弦をセットしたストラディバリウスの音色を
世界で初めて聴くことができたのは、私にとって無上の喜びだった。

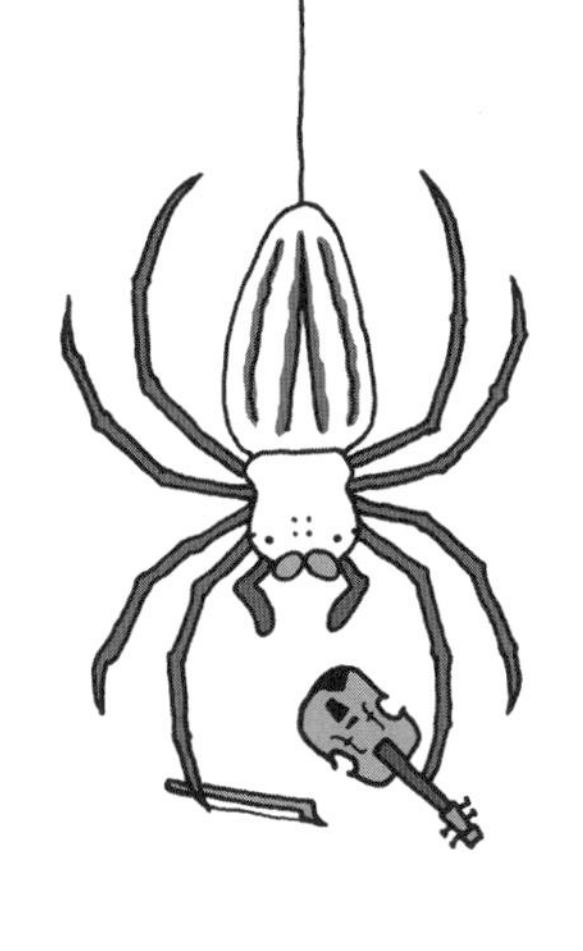

5 音色が世界を駆けめぐる

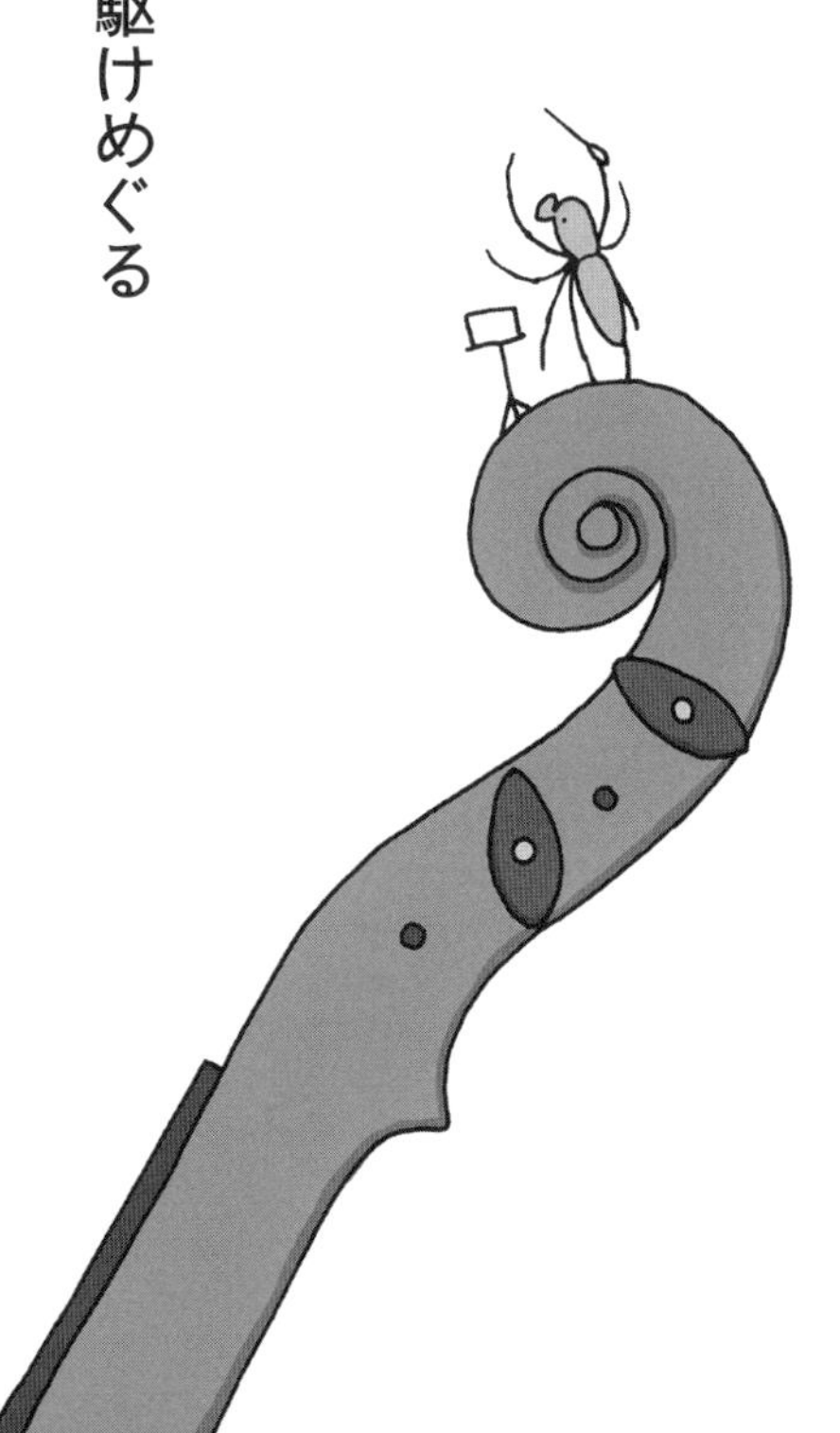

クモの糸の弦によるバイオリンの音色は、論文投稿前、まだ弦づくりの試行錯誤を繰り返していた段階から、早くも話題に火がついていた。この最終章では、国内学会で初めて実演したときから、論文投稿後に世界中から取材が殺到するまで、クモの糸の弦の音色があっという間に世界を席巻した経過を大まかにたどってみたい。

学会発表とその反響

クモの糸の弦の音色を初めて披露したのは、2010年9月、北海道大学で行われた高分子学会の高分子討論会(高分子学会では、「年次大会」が春に、参加者がより専門的にじっくり討論を行う「討論会」が秋に開催される)でのことだった。タンパク質や合成高分子などの高分子素材分野の専門家の集まりであるこの学会で、「クモの糸でバイオリンは弾けるのか?」とのタイトルで発表してみようと考えた。素材と音楽はかなりかけ離れているため、素材の専門家からは無視されるのかもしれない。発表しても反応が全く予想できないことから、不安も大きかった。

9月に入っても35℃と、奈良・京都は暑かった。例年なら残暑と言うところだが、この年は夏そのものであった。そんななか、講演前の土曜と日曜は家で弦づくりに励んだ。一番細いE線は最初から諦めていたが、少なくともA、D、G線の3本の弦をどうするかであった。使えると思っていた弦が、切れてしまっている。チューニングもうまくいっていて、安心していた弦なのだ。もう学会まで時間がない。いったん切れた弦は、使いものにならないのだ。とにかく、わずかに残っている糸で弦づくりに挑戦して、最後はごまかすしかない。実のところ演奏のほうもおぼつかないが、曲全体が弾けなくとも、出だしだけなら何とかなると考えた。

そして9月14日の午後、関西国際空港から空路で北海道に向かった。パソコンと大型のカメラを収めたキャリーバッグを右手に、バイオリンケースを左肩にかけた大層な出で立ちであった。

やっと飛行機に搭乗して座席に落ち着いたところ、客室乗務員がやってきて「バイオリンケースが基準より少し大きく、座席には持ち込めませんので、別に預かってもよろしいですか?」と言う。しかし私は、「このバイオリンは非常に大切で、代わりがないんです。1億円でもおかしくないほど貴重なんです」と伝えた。1億円はかなりオーバーだと思うが、お金では買うことのできないものなので、私としてはこれでも安いと思うほどであった。すると、客室乗務員はすぐさま了解してくれ、ケースを頭の上の荷物収納庫に収め、バイオリンが動かないよう、何枚かのブランケットで隙間を埋めるようにしてくれた。名器と誤解したのかどうかはともかく、私のバイオリンが非常に貴重なものであることを十分認識してくれたようであった。しばしば演奏旅行で名器を持ち運ぶ人がおり、こうした特例があるのだろう。

翌15日、討論会の一般講演では、1件30分ごとの発表が連続的に組まれていた。私の発表は午後4時40分からで、その15分前までは3割ほどの席が埋まっていた。それが、発表時間が迫るにつれ、人々が会場に入り始めた。テレビ局2社が収録の用意を始めたころには、会場には多くの人で入りきれなくなってしまった。私の発表で会場が聴衆で一杯になり、人が入りきれない事態になったのは、その5年前、名古屋での高分子学会年次大会で「クモの糸にヒトがぶら下がる」とのタイトルで発表をした時以来のことだ。発表している最中にも、聴衆の熱気は肌に感じることができた。

そして講演の最後にはいよいよ、「荒城の月」をバイオリンで弾いた。会場は非常に盛り上がり、その後は多くの質問のために、与えられた時間をかなり超過してしまった。さらに、講演が終わったときには大きな拍手をいただいた。一般講演で拍手をいただくなど、まず考えられないことであった。弦が切れることもなく、練習のかいあって、とにかく演奏をやり

図 25　国立京都国際会館で，バイオリンを携えて舞台に立った著者

とげることができた。一生懸命聴いてくださった聴衆には感謝するのみであった。高分子学会の発表の中で、今回のように楽器を演奏するのは学会史上初めてと思われた。

その年の12月には、国立京都国際会館で開催されていたポリペプチドの国際学会で、やはりクモの糸のバイオリンについてポスター発表を行い、さらには晩餐会の席で、ノーベル賞受賞者2人を含む国内外の500人以上の研究者を前に、バイオリンを演奏することになった。学会の実行委員長から、「発表とはまた別に、余興としてバイオリンを披露してほしい」と依頼を受けたのだ。恥をかえりみず舞台に立って(図25)、バイオリン用に作った弦の意義などを説明してから演奏に入った。クモの糸の弦によるバイオリンの音色が世界で初めて聴けたことに感動してくれたのか、それともアルコールがそうさせたのか、聴衆の反響はすごいものがあった。私もすっかり嬉しくなってしまった。

取材対応でヒヤリ

高分子討論会での発表直前には、マスコミから矢継ぎ早に取材依頼があり、対応に追われた。9月15日が発表当日だったが、8、9日には新聞各紙の記者が研究室を訪れ、10日の朝刊で記事になるや、テレビ局やラジオ局から次々と連絡があった。その後、講演当日の直前・直後にもマスコミ数社からの取材に応じ、その翌日からはさらに、ラジオ、テレビなど10以上のマスコミから次々と取材を受けることに……という具合である。

取材対応ではヒヤリとすることもしばしばだった。

読売テレビの「大阪ほんわかテレビ」のスタッフが研究室にやってきたときのこと。バイオリンの弾ける女性アナウンサーが、私にインタビューする段取りであった。しかし彼女は当日、バイオリンを持参してきた。そして打ち合わせのときに、「自分のバイオリンの音色と、クモの糸の弦をセットした先生のバイオリンの音色を比較させてくれませんか」と言うのだ。私は即座に「今のところ、開放弦を弾く以外はダメなんです」と断り、開放弦だけで比較してもらった。彼女が他のバイオリンの音色と比較したい気持ちは十分理解できたのだが、プロクラスの人が弾いて弦が切れたときの評価が先走ることを恐れたからである。やっとプロが弾いても問題ないレベルの弦ができるようになってきたのは、ごく最近のことだ。

テレビやラジオの収録のときは、収録中に弦が切れたらどうしようかといつも思う。ガット弦や金属弦なら、弦が切れてもすぐに予備の弦にとり替えればよい。しかし、クモの糸の弦となるとそうはいかない。切れてしまっても予備の弦がないので、ペグを回すときや弾くときにはどうしても力が入らず、遠慮がちになってしまう。

これは以前、クモの糸にぶら下がる実験をしたときも同様であった。私はクモの糸束が目の前に来るようにして、切れないかどうか注意しながらハンモックに乗っていた。ところが、クモの糸束を集める苦労がわからない人は、当然のことながら遠慮なくハンモックに乗ってしまう。その結果、糸束はしばしば切れた。私の場合、切れる予感がしたらすぐに降りる。生みの親はそこが違うのである。

ただ、クモの糸の弦ということで得している面もある。演奏中、自分でも音程がおかしいと思うことがしばしばあるが、たとえ私の技術レベルが低いせいであっても、クモの糸を使っているせいにして逃げることができるのだ。この時ばかりはクモに助けられている。

ヨーロッパからの切なる願い

そんなある日のことである。私は外国からの郵便を受け取った。インターネットの発達によって、外国からの便りはEメールが多くなり、手紙はかなり減っている。「なんだろうか?」と不思議に思いながら、封筒を開けてみた。

差出人はドイツ在住で、ヨーロッパで演奏活動をしているプロの女性バイオリニストだった。「NHKの国際放送を聴いて、先生の弾かれたクモの糸のバイオリンの音色に吸い込まれました」、ひいては「ぜひクモの糸の弦を、自分の演奏に使わせてほしいのです」とのことであった。さらに、「すぐにでも日本を訪問したい。ぜひ弦を譲ってくれませんか?」という、切なる願いがしたためられていた。

しかも、しばらく後にはその父親からも、「娘はヨーロッパでプロのバイオリニストとして活動しています。なんとか、娘にクモの糸の弦から出る音色を使って演奏させてやりたいので、承知していただきたい」という熱意のこもった手紙が送られてきたのだった。

とはいえ私は、もっと多くの実験を繰り返し、改良を加え、弦に自信を持てるようになってからでないと、プロに使用してもらうのは難しいと考えていた。そんなこともあって、「現在はまだ弦として確立しきっていない状態ですが、プロの演奏に耐えうるクモの糸の弦が作れるようになったら連絡します」と返事を書き、あわせてその見通しについてもお伝えした。その後も便りをいただいたが、プロのバイオリニストとその親の熱意には驚くばかりであった。

ヒット数が5億件！

クモの糸のバイオリンをお披露目してからというもの、検索エンジンにおける私の名前のヒット数はうなぎのぼりに上昇した。私などは共同研究者が少なく、単著の研究論文が多いこともあって、2010年8月ごろ、Yahoo!で私の名前を検索したときのヒット数は、せいぜい数千件に過ぎなかった。

ところが、2010年9月15日に北海道大学で学会発表を行い、9月26日には約5万3200件になっていた。29日には約6万9400件、10月1日には約7万3000件となった。2011年1月26日になると約1億3100万件、1月28日には約1億9200万件、29日に約2億9000万件、30日には約3億6300万件にまで上昇した。2月3日にはやや下がって約2億5900万件になったが、2月9日にはなんと約5億4000万件となった。異常なヒット数である。ここに至っては、何がなにやらわからない状態で、当時私の教室のスタッフであった山本恵三准教授と松平崇博士とともに首をかしげたものである。おそらく、前年の学会発表に加えて、多くの新聞やテレビ、ラジオなどのマスコミにとりあげられたことで、クモの糸によるバイオリンの弦の話題が大量に拡散したのだろう。

海外のマスコミから依頼が殺到

前章で述べた通り、2012年2月末に、フィジカル・レビュー・レターズ(PRL)誌の編集長から「論文を受理(accept)しました」というメールがあった。投稿してから受理の返事を受け取るまで、100日もかかったことになる。

論文受理後は、論文掲載までにゲラチェックを含めた事務的なやりとりがあるくらいで、私は概ね、肩の荷が下りた気分になっていた。ところが実際には、肩の荷が下りるどころか、それと逆のことが起こったのである。

3月2日の金曜日。朝に出勤し、メールをチェックしたところ、当日の0時過ぎから、「ニュー・サイエンティスト」誌やBBCを皮切りに、海外からメールが次々と届いていることがわかった。論文は4日前に受理されたばかりだというのに、である。順番は概ね、イギリスを含むヨーロッパから、アメリカ大陸、オセアニア、アジア、アフリカと、グリニッジ天文台を起点にして地球を一周する形であった。

週明けの月曜日には、外国の出版社、新聞社、放送局のマスコミからの連絡はますます増えた。

フランス、ドイツ、スペインなどのヨーロッパ、アメリカやカナダ、オーストラリア、ニュージーランドなどのマスコミから、次々とメールや電話で取材が来た。時差が大きいためインタビューの依頼には応えられなかったが、イギリスのBBCワールドニュースやアメリカのABCニュースからも取材依頼があった。メールの件数があまりにも多いので、その対応で朝からずっとパソコンの前に座りっぱなしであった。

私は、海外のマスコミからの突然のアプローチに戸惑っていた。なぜ、発表前のこれほど早くに情報を得ているのだろうか。

「ニュー・サイエンティスト」誌からのメールをよく読んだところで、その謎が解けた。「ニュー・サイエンティスト」は、科学技術の最新動向についての情報を扱う1956年創刊の英国の週刊誌である。その編集長からのメールには、「昨日、私は米国物理学会のミーティングに出席していて、「クモの糸からバイオリンの弦を作る」という貴殿のまもなく公開されるＰＲＬ誌の論文のコピーを受け取った。その話をすぐにでもレポートしたい」とあったのである。ここでようやく、ＰＲＬ誌があらかじめマスコミ相手に記者会見し、プレスリリースを配布したことが呑み込めたのである。

ＢＢＣをはじめとする多くのマスコミから、クモの糸の弦によるバイオリンの音色が世界中に流された。そしてその反響は速く、大きかった。また、多くの読者やメーカーからの問い合わせも舞い込んだ。

その後も、メールは続々とやってきた。3月末までは研究室の整理に集中する予定が、マスコミ対応のために、それどころではなくなってしまった。ただその一方で、私は以前から手掛けている皮膚移植の研究を臨床応用するために、臨床の皮膚科学教室の特任教授として大学に残ることになったため、教授室の整理は少し遅れても許されることになった。

論文の容量や写真の縦横比などのやりとり、4月に入ってからの校正刷りのチェックなどのため、電子版での論文発表は少し遅れるように思われた。最終的には、4月16日にやっと、インターネット上で論文が公表された。

国内のマスコミの反応があったのは、主にその後のことだった。4月20日に、読売新聞と共同通信配信の地方紙などに記事が掲載され、またその他にも、ラジオ、テレビなどの多くのマスコミで報道された。

響け、アメージンググレース

取材対応とは別に、講演を行う機会も多い。今まで、小学生から大学生、さらに社会人、高齢者まで多様な年齢層に向けて、市民公開講座や学会の特別講演などのさまざまな場で、クモの糸の話をしてきた。そして最近は、講演の終わりにバイオリンを弾かせていただいている。

クモの糸でバイオリンの弦を作り始めた当初、披露する曲は滝廉太郎作曲の「荒城の月」であった。城への思い入れは深い。私の故郷は播州であり、今や世界遺産となった姫路城は、帰郷した時にほっとするところであった。また、島根大学に赴任していたころに住んでいた官舎は、国宝にもなった松江城の北にあり、休日には城内を散策したものである。「荒城の月」は、私の思いの詰まった曲でもあるのだ。

初期のころは、自分のレベルも知らずに弾いていたので幸せであった。ところが、数年も経ってくると、自分のレベルが少しは認識できるようになってきた。音程だけは合っていても、スムーズな音楽にはなっていないことも感じられるようになり、演奏のスピードを考慮しつつ、徐々に音楽に近づく努力をするようになった。

ただ、弾き始めて4年くらい経つと、演奏技術の問題とは別に、クモの糸と従来の弦とはかなり異なることもだんだんわかってきた。ならば、クモの糸の弦の特色である、柔らかくて深い音色を生かせる曲のほうがいい。そこで、柔らかい音楽ということで、曲目は「アメージンググレース」に変更した。ちょうど1分くらいで終わるのもよかった。

２０１５年12月には、日本オーディオ協会から平成27年度の「音の匠」として顕彰され、東京の目黒雅叙園で講演し、最後に「アメージンググレース」を弾いた。音の専門家の集まりにおいて、音の質を味わっていただけたようだ。バイオリンの演奏技術が向上する速度は依然として遅いが、なんとか皆様に披露しても聴いていただけるレベルまでは持っていき、いずれまた、クモの糸の弦の独特な音色を味わってもらいたいと思っている。

おわりに

クモと付き合い始めてから40年ほど経つ。その間に、クモの糸は柔らかくて強く、耐熱性や紫外線耐性、さらには危機管理に適した仕組みまで持ち合わせていることなどを明らかにしてきた。クモの4億年の進化の歴史の奥深さには驚きを禁じ得ない。しかし、もっと驚いたのは、「クモの糸を楽器の弦にできたら」という夢が実現できてしまったことである。私自身、まさか実現できるとはとうてい思っていなかった。

今思えば、細いクモの糸を根気よく集め、弦を作り、それを張ったバイオリンを弾いて、聴衆の前で独特な音色を披露するに至るまでは、苦労と失敗の連続であった。実は30年ほど前には、クモの糸を三味線の弦に使うことを考えていたのだが、それが弦楽器の女王といわれるバイオリンの弦になったのである。むろん、世界初であった。クモの糸の弦で弾いたときの音色は、感覚的にも科学的にも、明らかに他の素材とは異なっていた。バイオリンの音色に新たな魅力を加える、大きな可能性を見出せたのではないかと思っている。この本をお読みいただいて、クモの糸を楽器の弦とするに至る紆余曲折のプロセスについてはおわかりいただけたものと思う。そんな私の苦労はさておき、クモの糸の弦でバイオリンが弾けたという事実だけは認識していただければ幸いである。

しかし、ここに至るプロセスではさまざまな問題も発生した。クモを相手にしていることで、近所の人から変人扱いされたこともある。また、楽器についての物理学的な研究はすでにノーベル賞学者であるラマン博士も行っていたのだが、私の場合は楽器を扱うことが遊びのように思われたこともあった。それでも私は、クモの糸の魅力に惹かれて夢を追いかけることができたが、現実の弦づくりは、頭で考えるほど容易なものではなかった。最初に音を出したときには、比較的容易に完成すると思っていたのだが、いろいろ試みるにつれて問題が発生し、くじけそうになることも多々あった。それでも、私の作ったクモの糸の弦で最高の名器ストラディバリウスを奏でることができたときには、多くの問題点や苦労は忘れてしまった。そして、今まで誰も思いつかなかったことを実現する感動を味わわせてもらった。

人々の多くは、自分が生まれてこのかた、生活の中で培ってきた常識の範囲は問題とせず、自分のわからないことは非常識であると思うようだ。しかし、新しい挑戦はこれとは逆である。多くの人から受け入れられないことこそ、挑戦に値するのである。挑戦が成功してしまえば、他人の見方は180度変わることもある。クモの糸が楽器の弦としての機能をなすことがわかり、新しい音色を奏でる可能性が認識され、音楽家にクモの糸の弦を使ってもらえるようになって初めて、多くの人々への理解が深まるのではないだろうか。クモの糸の弦づくりとともに始めたバイオリン演奏への私の挑戦は一応成功したといえるが、今後、さらに素晴らしい音色を呈する弦づくりに励むとともに、オーケストラで素晴らしい音色を披露する日に向けての挑戦をしたいと考えている。

私の一連のクモの糸の研究は、そもそも趣味からスタートしたため、研究に期限が切られておらず、すぐに成果を求められないために、いろいろと違った角度からのアプローチもできた。その結果、クモは面白いことを見つけさせてくれる私の大事な師でもあった。特に、楽しみながら研究し、また多くの新しいことに遭遇し、感動を覚える機会を与えてくれたクモに感謝したい。

最後に、クモの糸でバイオリン用の弦を作る決定的なきっかけをくださった、バイオリニストの松田淳一先生と奈良県立医科大学の上野聡教授に感謝したい。また、弦の改良に当たってヒントをいただいたバイオリニストの河村佐予子さんと城間フミさんに、さらに、弦の音色の評価と課題をいただいた東京藝術大学の澤和樹学長にも感謝したい。そして特に、本書をまとめるにあたって、全体の構成その他に関して種々のアドバイスを含む協力をいただいた岩波書店の辻村希望さんに感謝したい。なお、一連のクモの糸の研究では、文部科学省の科学研究費の助けをいただいたことにも感謝したい。

２０１６年７月

大崎茂芳

S. Osaki: Polym. J., **35**, 261(2003)
S. Osaki et al.: Polym. J., **36**, 623(2004)
S. Osaki: Polym. J., **36**, 657(2004)
S. Osaki: Polym. Prepts. Jpn., **55**, 1844(2006)
S. Osaki: Polym. J., **39**, 267(2007)
S. Osaki: Polym. J., **43**, 194(2011)
S. Osaki & M. Osaki: Polym. J., **43**, 200(2011)
M. Xu & R. V. Lewis: Proc. Natl. Acad. Sci., **87**, 7120(1990)
大﨑茂芳：クモの糸のミステリー，中央公論新社(2000)
大﨑茂芳：クモはなぜ糸から落ちないのか，PHP 研究所(2004)
大﨑茂芳：クモの糸の秘密，岩波書店(2008)
大﨑茂芳：クモの巣はなぜ雨に強いのか？，第 64 回高分子討論会，仙台(2015)

第 4 章
H. Hertz: J. Reine Angew. Math., **92**, 156(1881)
S. Osaki: J. Appl. Phys., **76**, 4323(1994)
S. Osaki: Rev. Sci. Instrum., **68**, 2518(1997)
S. Osaki: Phys. Rev. Lett., **108**, 154301(2012)
田中千香士(編著)：CD でわかる ヴァイオリンの名器と名曲，ナツメ社(2008)
安藤由典：楽器の音響学，音楽之友社(1996)
金丸隆志：Excel で学ぶ理論と技術 フーリエ変換入門，ソフトバンククリエイティブ(2007)
N. H. Fletcher & T. Rossing: The Physics of Musical Instruments, Springer(2005)

参考文献

第1章

F. Lucas: Discovery, **25**, 20(1964)

S. Osaki: J. Synth. Org. Chem. Jpn, **43**, 828(1985)

S. Osaki: Sen-I Gakkaishi, **42**, 610(1986)

S. Osaki: Sen-I Gakkaishi, **42**, 665(1986)

S. Osaki: Tappi J., **70**, 105(1987)

S. Osaki: Polym. J., **19**, 821(1987)

S. Osaki: J. Appl. Phys., **64**, 4181(1988)

S. Osaki: Nature, **347**, 132(1990)

S. Osaki: Anat. Rec., **254**, 147(1999)

R. W. Work: Text. Res. J., **46**, 485(1976)

大﨑茂芳：クモの糸のミステリー，中央公論新社(2000)

大﨑茂芳：コラーゲンの話，中央公論新社(2007)

第2章

T. Asakura et al.: Soft Matter, **9**, 11440(2013)

M. A. Becker et al.: In Silk Polymers (eds D. Kaplan, W. W. Adams, B. Farmer & C. Viney) p. 185 (American Chemical Society, Washington, USA, 1993)

C. Y. Hayashi & R. V. Lewis: Science, **287**, 1477(2000)

A. Lazaris et al.: Science, **295**, 472(2002)

K. Nakamae et al.: Kobunshi Ronbunshu, **42**, 211(1985)

S. Osaki: Acta Arachnol., **37**, 69(1989)

S. Osaki: Acta Arachnol., **43**, 1(1994)

S. Osaki: Nature, **384**, 419(1996)

S. Osaki: Acta Arachnol., **46**, 1(1997)

S. Osaki: Int. J. Biol. Macromol., **24**, 283(1999)

S. Osaki & R. Ishikawa: Polym. J., **34**, 25(2002)

大﨑茂芳

1946年兵庫県生まれ．大阪大学理学部卒業，大阪大学大学院理学研究科博士課程修了．(株)マイカル商品研究所所長，島根大学教育学部教授，奈良県立医科大学医学部教授を経て，現在，同大学名誉教授．理学博士，農学博士．専門は，生体高分子学．文部科学大臣表彰科学技術賞，日本オーディオ協会顕彰「音の匠」など受賞．著書に『クモの糸の秘密』(岩波書店)など．最近は，「クモの糸をセットしたバイオリンでオーケストラを！」を目標にするとともに，クモの驚くべき神秘的な生態に焦点を当てて研究を続けている．一方，肺，骨，皮膚などの生体におけるコラーゲン繊維の配向性と運動機能との関係に注目し，新しい科学的皮膚移植法にも取り組む．趣味は愛犬と絵画．

岩波 科学ライブラリー 254
クモの糸でバイオリン

2016年10月5日 第1刷発行
2022年 9 月5日 第5刷発行

著 者 大﨑茂芳（おおさきしげよし）

発行者 坂本政謙

発行所 株式会社 岩波書店
〒101-8002 東京都千代田区一ツ橋2-5-5
電話案内 03-5210-4000
https://www.iwanami.co.jp/

印刷 製本・法令印刷 カバー・半七印刷

ISBN 978-4-00-029654-0 Printed in Japan

●岩波科学ライブラリー〈既刊書〉

282 井田喜明
予測の科学はどう変わる？
人工知能と地震・噴火・気象現象
定価一三二〇円

自然災害の予測に人工知能の応用が模索されている。人工知能による予測は、膨大なデータの学習から得られる経験的な推測で、失敗しても理由は不明、対策はデータを増やすことだけ。どんな可能性と限界があるのか。

283 中村 滋
素数物語
アイディアの饗宴
定価一四三〇円

すべての数は素数からできている。フェルマー、オイラー、ガウスなど数学史の巨人たちがその秘密の解明にどれだけ情熱を傾けたか。彼らの足跡をたどりながら、素数の発見から「素数定理」の発見までの驚きの発想を語り尽くす。

284 グレアム・プリースト 訳 菅沼 聡、廣瀬 覚
論理学超入門
定価一七六〇円

とっつきにくい印象のある〈論理学〉の基本を概観しながら、背景にある哲学的な問題をわかりやすく説明する。問題や解答もあり。好評『《1冊でわかる》論理学』にチューリング、ゲーデルに関する二章を加えた改訂第二版。

285 傳田光洋
皮膚はすごい
生き物たちの驚くべき進化
定価一三二〇円

ポロポロとはがれ落ちる柔な皮膚もあれば、かたや脱皮でしか脱げない頑丈な皮膚。からだを防御するだけでなく、色や形を変化させて気分も表現できる。生き物たちの「包装紙」のトンデモな仕組みと人の進化がついに明らかになる。

286 海部健三
結局、ウナギは食べていいのか問題
定価一三二〇円

土用の丑の日、店頭はウナギの蒲焼きでにぎやかだ。でも、ウナギって絶滅危惧種だったはず……。結局のところ絶滅するの？ 土用の丑に食べてはいけない？ 気になるポイントをQ&Aで整理。ウナギと美味しく共存する道を探る。

287
藤田祐樹
南の島のよくカニ食う旧石器人
定価一四三〇円

謎多き旧石器時代。何万年もの間、人々はいかに暮らしていたのか。えっ、カニですか……⁉ 貝でビーズを作り、旬のカニをたらふく食べる。沖縄の洞窟遺跡から見えてきた、旧石器人の優雅な生活を、見てきたようにいきいきと描く。

288
中嶋亮太
海洋プラスチック汚染
「プラなし」博士、ごみを語る
定価一五四〇円

大洋の沖から海溝の底にまで溢れかえるペットボトルやポリ袋、生き物に大量に取り込まれる微細プラスチック。海洋汚染は深刻だ。人気サイト「プラなし生活」運営者でもある若手海洋研究者が問題を整理し解決策を提示する。

289
藤井啓祐
驚異の量子コンピュータ
宇宙最強マシンへの挑戦
定価一六五〇円

量子コンピュータを取り囲む環境は短期間のうちに激変した。そのからくりとは何か。いかなる歴史を経て現在に至り、どんな未来が待ち受けているのか。気鋭の若手研究者として体感している興奮をもって説き明かす。

290
笠井献一
おしゃべりな糖
第三の生命暗号、糖鎖のはなし
定価一三二〇円

糖といえばエネルギー源。しかし、その連なりである糖鎖は、情報伝達に大活躍する。糖はかしこく、おしゃべりなのだ！ 外交、殺人、甘い罠。謎多き生命の〈黒幕〉、糖鎖の世界をいきいきと伝える、はじめての入門書。

291
ケネス・ファルコナー　訳服部久美子
フラクタル
定価一六五〇円

どれだけ拡大しても元の図形と同じ形が現れて、次元は無理数、長さは無限大。そんな図形たちの不思議な性質をわかりやすく解説。自己相似性、フラクタル次元といったキーワードから現実世界との関わりまで紹介する。

定価は消費税10％込です。二〇二二年九月現在

●岩波科学ライブラリー〈既刊書〉

292
髙木佐保
知りたい！ ネコごころ
定価一三二〇円

「何を考えているんだろう？ この子…」ネコ好きの学生が勇猛果敢にもその心の研究に挑む…。研究のきっかけや実験方法の工夫、被験者(?)募集にまつわる苦労話など、エピソードを交えて語る「ニャン学ことはじめ」。

293
宮内 哲
脳波の発見
ハンス・ベルガーの夢
定価一四三〇円

ヒトの脳波の発見者ハンス・ベルガー（1873―1941）。20年以上を費やした測定の成果が漸く認められた彼は、一時はノーベル賞候補となるもナチス支配下のドイツで自ら死を選ぶ。脳の活動の解明に挑んだ科学者の伝記。

294
井田徹治
追いつめられる海
定価一六五〇円

海水温の上昇、海洋酸性化、プラスチックごみ、酸素の足りないデッドゾーンの広がり、漁業資源の減少など、いくつもの危機に海は直面している。環境問題の取材に長年取り組んできた著者が、最新の研究報告やルポを交えて伝える。

295
時本真吾
あいまいな会話はなぜ成立するのか
定価一三二〇円

なぜ言葉になっていない話し手の意図を推測できるのか？ なぜわざわざ遠回しな表現をするのか？ 会話の不思議をめぐり、哲学・言語学・心理学の代表的理論を紹介し、現代の脳科学にもとづく成果まで取り上げる。

296
山内一也
新版 ウイルスと人間
定価一三二〇円

ウイルスにとって、人間はとるにたらない存在にすぎない――ウイルス研究の泰斗が、ウイルスと人間のかかわりあいを大きな流れの中で論じる。旧版に、新型コロナウイルス感染症を中心とする最新知見を加えた増補改訂版。

定価は消費税10％込です。二〇二二年九月現在